変化する社会環境に適応し続けて50年

絶対に潰さない経営

株式会社キョクトー
代表取締役会長
藤田公一

あさ出版

はじめに

◇3人でスタートし50年でグループ7社に成長

キョクトーグループと聞いて「ああ、あの会社」と分かる方は、残念ながらそうは多くないかもしれない。

グループを統括する株式会社キョクトー本部の傘下に、株式会社キョクトー、日本オイルサービス株式会社、株式会社オベロン、株式会社ペトロプラン、ゴトコ・ジャパン株式会社、高橋硝子株式会社の6社を置く。パートタイマーを含む従業員は総勢約300名。決して大企業ではないし、テレビで派手に広告を打つような商品を一般消費者向けに売っているわけでもない。

しかし、じつはマイカーユーザーなら多くの方が、キョクトーグループが提供している商材やサービスを、そうとは知らずに目にしたり、利用したことがあるだろう。

新車ディーラーの整備部門や街の整備工場、カー用品店、ホームセンターなどで売られている自動車メーカー純正オイルや、世界的なレースやラリーで使われて、クルマ好きから指名買いされる海外ブランド高性能オイルの卸や販売代理店業務が、グループのビジネスの本流だ。

さらにメーカー純正と同等の性能を持ちながらリーズナブルな価格を実現した、カー用品店やホームセンターのプライベートブランドオイルも取り扱っている。こちらは、海外石油メーカーとの提携関係も持つペトロプランやゴトコ・ジャパンが企画・開発にも関わって、販売店とユーザーのそれぞれにメリットをもたらす商品を供給している。

一方、オベロンが企画・開発・販売を手掛けるエンジン内部の洗浄機やエアコン内部の除菌・消臭機は、新車・中古車ディーラーの整備部門やカー用品店のメンテナンスメニューとして、大きな営業の柱となっている。バブル経済崩壊以来、失われた数十年ともいわれる厳しい経済環境で一台のクルマに長く乗る人が増え、さらにコロナ禍で車内の清潔さに注目が集まる今般にあっては、人気のカーメンテナンスメニューだ。

他にも、車検整備などの際に整備工場で施工されるクルマの下回りの錆止め塗料を始めとするケミカルや、工場の床に塗る特殊塗料、こぼれたオイルを吸い取る吸着剤や、エアコンのコンプレッサーオイルに混ぜて摩擦抵抗を下げ、燃費や運転性能の向上が図れるケミカルなど、自動車関連の、さまざまな商材を企画・開発も含めて取り扱っている。

それらは末端のお客様に直接商品を届ける、いわゆるＢ toＣのビジネスではなく、ディーラーやカー用品店から注文された通りの商品を納めるＢ toＢのビジネスモデルのため、キョクトーグループという名は表に出ないのだ。

一方、愛知県を拠点に10店舗を展開する高橋硝子は、直接お客様と接して損傷した自動車ガラスの交換や修理、ボディコーティングやカーフィルムの施工などを手掛ける、グループでは唯一のＢ toＣ企業だ。じつはこの会社は当社のプロパーではなく、２０１５年にＭ＆Ａによってグループ入りした。英国のオイルブランド、ガルフの日本におけるマーケティング拠点だったゴトコ・ジャパンも、同様にＭ＆Ａによって２００６年にグループの一員となり、オイルメーカーの既製品を販売店に流通させる単なる代理店ではなく、顧客のニーズに応じた製品を開発・供給できるというメーカー機能を担う企業である。マレーシアの国営石油会社、ペトロナスの日本総代理店として２００７年に設立したペトロプランも、高い技術開発力を持つペトロナス本社と太いパイプを持ち、性能とコストを両立させたプライベートブランドオイルの開発・製造や、自動車以外の石油関連市場の開拓にも力を発揮している。

◇何度か経営の危機を迎えた半世紀

それらのグループは、キョクトー本部の会長を務める私、藤田公一が１９６９（昭和44）年に個人商店として設立した旭東商会に源を発する。以来、右肩上がりの経済成長とマイカー時代の波にも乗り、２０１９年には創立50周年の催しを賑々しく開催することができたのは、日々の業務はもちろん、新しい事業にも果敢に挑み、成果を挙げてくれた社員や取引先を始めとする関係各位のおかげと、深く感謝している。

もちろん、半世紀の歩みのすべてが順風満帆だったわけではない。取引先の倒産や離反、市場環境や経済状況の変化など、自分ではどうにもならない荒波にもまれたこともあるし、社業発展のきっかけとなってくれた重要な仕入先との決別で、存亡の危機に立たされたこともある。

その折々で、私は時には腹をくくり、時には可能な限りの手を尽くして会社と従業員を守り抜いてきた。会社の都合で社員に辞めてもらったことは一度もないことは、私自身にとってのささやかな誇りだ。

振り返れば、マイカー時代とともに歩んだ半世紀には、自動車関連市場にもたくさんの変化があった。当社の創業当時には、ようやく一人前のクルマが作れるようになったばかりだった国産車は、排ガス規制をきっかけに大きな進化を遂げ、やがて技術でも品質でも世界の最先端に躍り出た。生産台数は世界一になり、経済大国となった日本は国内の販売台数もうなぎのぼり。いわゆるバブル景気の崩壊以来、景気は長期の低迷といわれるが、自動車保有台数は伸び続け、いまでは地方に行っても、いや、地方でこそ一家に一台どころか、二台、三台もクルマがある家庭が珍しくない。現代の日本では、クルマはまるで自転車のような気軽で必要不可欠な生活の足になったのだ。

それに伴って、オイルなどのアフターサービス用品を扱う当社への取引先からのニーズも変化している。モータリゼーションの黎明期には、爆発的に増えるクルマに対して、いかに安く、大量に必要な商品を納入できるかが企業のひとつの価値だった。ところが、クルマもモノもひと通りいきわたると、今度は多様化の時代と言われ、いかに業界一の品揃えが納入できるかが問われるようになった。

いまではさらに進んで、いかに得意先である自動車ディーラーやカー用品店に利益を出してもらえる独自開発商品を提案できるかが問われている。もはやかつてのような安さではなく、他にはない付加価値の高い商品を開発し、全国に供給できるネットワークや機動力まで求められているのだ。当社の最大の強みは、半世紀をかけてそれができる組織と開発力を身につけてきたことだ。

◇「ただただ会社を潰さないように」の一心で

２０１９年のキョクトーグループ創立50周年に続いて、２０２０年には私は77歳の喜寿を迎えた。それを機に、この半世紀を振り返った著書を著してはどうかと提案してきたのは、当社の古参幹部社員たちだった。私としては、世間様に向かって偉そうなことを言える身分ではないと思っているし、語れるような高邁な思想や哲学も持ち合わせていない。26歳で独立以来、ただただ会社を潰さないように、社員を路頭に迷わせないようにと、それだけを願って経営してきただけだ。

しかし、彼らは普段私と直接コミュニケーションすることのない若い社員のためにも、創業者としての会社への想いを書籍の形で残してほしいという。言われてみれば、すべての社員の顔が見える規模で、社長と社員の間でいくらでも直接コミュニケーションができた創業当時と比べると、グループ全体で7社３００人を擁する現在では、末端の社員に至るまで私の考えていることを正確に伝えきれているかどうか、心もとないところもある。会社が大きくなると、言わなくても分かるという家族的な関係はなかなか成立しにくい。たぶん若い社員のなかには、私の経歴も知らない者が多いだろうし、創業からの歴史も、半世紀前にはまだ生まれてもいなかった社員にとっては戦国時代と同じ程度の認識かもしれないのだ。
ならばこの機会に私自身と会社の歩みを振り返り、言わば社史を編纂するようなつもりで一冊の本にまとめてみるのも悪くないと考えた。歴史を綴るなかで、折々にお世話になった方々の名前を記すことで、感謝の気持ちを示すこともできるかもしれない。もしかしたら社員だけでなく、同時代を生きてきた多くの経営者たちや、これからを生きる人々にとって、少しは共感できたり参考になるエピソードがあれば世に出す意味もあろう。

願わくば本書に記された私の生き恥が、ほんの少しでも社員や読者の皆様の、なんらかの糧となることを願っている。

２０２１年２月

藤田　公一

50年表 ～これまでの歩み～

1992
日本オイル倉庫建築
商号を株式会社 旭東商会から株式会社 キョクトーへ

1999
オベロン設立

2000
第3の難局
ナショナルブランドオイルの市場価値崩壊

2006
ゴトコ・ジャパン キョクトーグループ入り

2007
ペトロプラン設立

2008
リーマンショック

2015
高橋硝子 キョクトーグループ入り

所在地：大阪府八尾市
事業内容：
グループ会社の管理部門（会社）

グループ総売上高 115億円
従業員数 300名（パート含む）

㈱ペトロプラン

所在地
本社・東京都新宿区
八尾営業所

事業内容
マレーシア国営企業ペトロナス社の潤滑油商材の日本国内での総輸入販売元

ゴトコ・ジャパン㈱

所在地
本社・東京都千代田区

事業内容
ガルフ潤滑油製品、潤滑油基油及び石油化学製品などの販売、輸入及びそれらの代理・仲介業

高橋硝子㈱

所在地
本社・愛知県名古屋市

事業内容
自動車ガラスの交換、リペアやカーフィルムの施工など

キョクトーグループ

会社の歴史

1969
社名：旭東商会
創業　現在の自宅にて3名で個人創業

1973
株式会社 旭東商会に改組

第1の難局
オイルショック

1977
BP（ブリティッシュ・ペトローリアル）取り扱い開始

1982
倉庫建築

1985
日本オイルサービス設立

1990
第2の難局
カストロール契約解除

グループ会社組織

㈱キョクトー本部

㈱キョクトー

所在地
本社・大阪府八尾市
名古屋営業所　四国営業所
広島営業所　福岡営業所

事業内容
自動車メンテナンス用品の販売

日本オイルサービス㈱

所在地
本社・東京都昭島市
北海道支店　仙台営業所

事業内容
自動車メンテナンス用品の販売

㈱オベロン

所在地
本社・東京都八王子市
大阪オペレーションセンター
山梨工場

事業内容
自動車用のメンテナンス機材の販売

ピンチを乗り越えNo.1になる

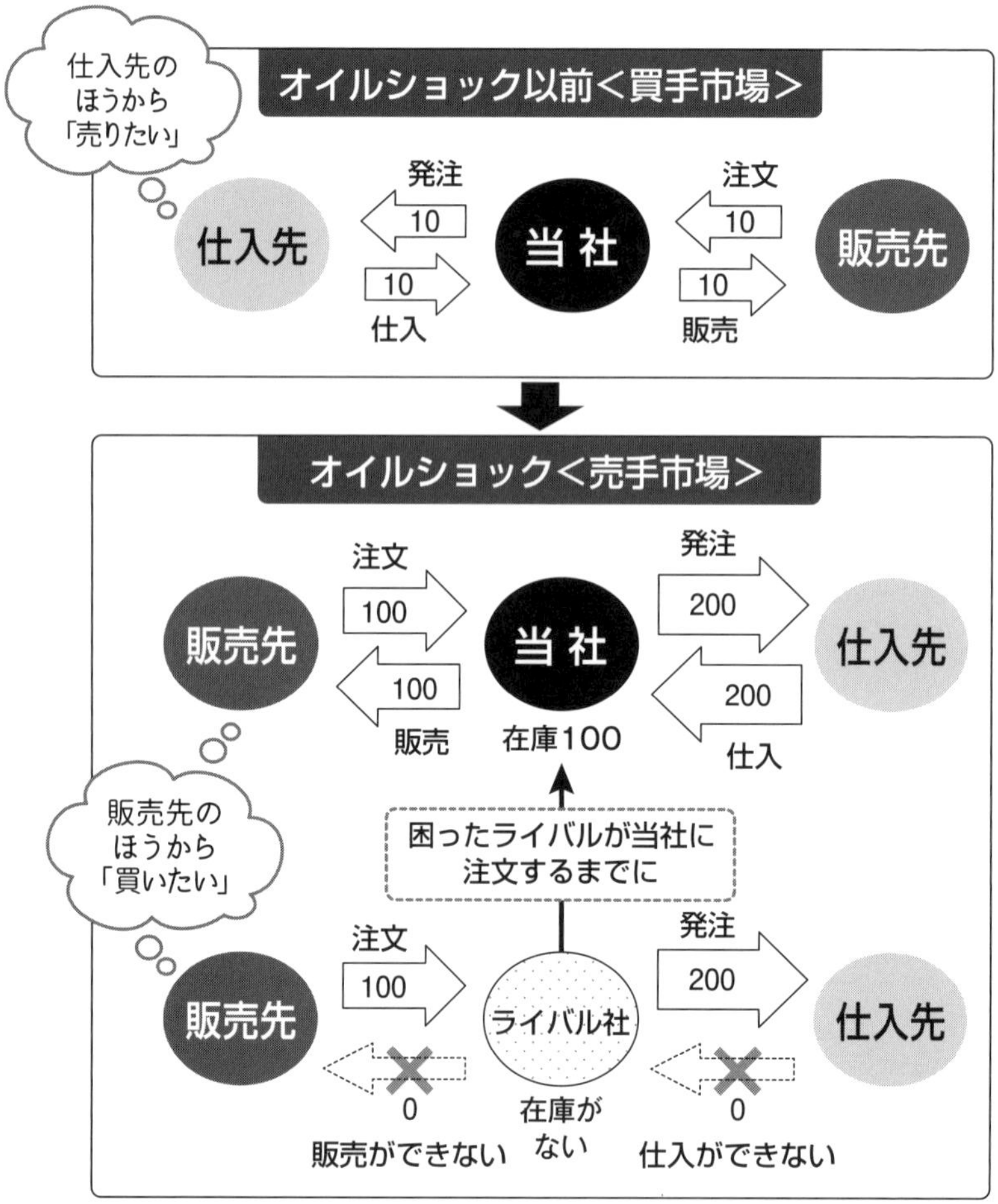

第1の難局

1973年　オイルショック

主力の純正オイルは、乱売防止上メーカーの統制下で供給量の制限と出荷地域の制限等を行っていた。当社は特殊な方法で各メーカーの純正オイルを取り扱い、西日本では販売ルートを完成させていた。そこで関東の市場を狙うべく関東地区の得意先開拓を行う。既存の関東の業者との競合が激化、価格競争が熾烈であったが、突然、価格は重視せず在庫の確認、即発注が繰り返し舞い込む。また、その日は数多くの業者からも当社に大量の発注があり、何かとんでもないことが起こる予感がした。

大阪でも明日から起きると確信して、大量発注の作業に入る。関西の元売倉庫へ純正オイルの在庫確認を行い、すべてを発注した。各メーカーのディーラー在庫もすべて発注をかけて当社の在庫とする。当時として各メーカーに対する当社の年間取引量を1日で瞬間的に発注したことになる。資金面については銀行にお願いして確保しそれでも資金不足になることに備え、その策として、（従来から手形を発行していないため）返品伝票で処理をしようと考えていた。

翌日から予測通り経験したことのない大量の注文が来る。大阪で十分な在庫確保しているのは当社1社で他の競争相手は在庫切れの状態であった。また懸念した資金不足にならず事なきを得た。

常識通りの考えで縛られていたならばキョクトーもチャンスがピンチになっていた。

商材・商流の意識転換

◎商材

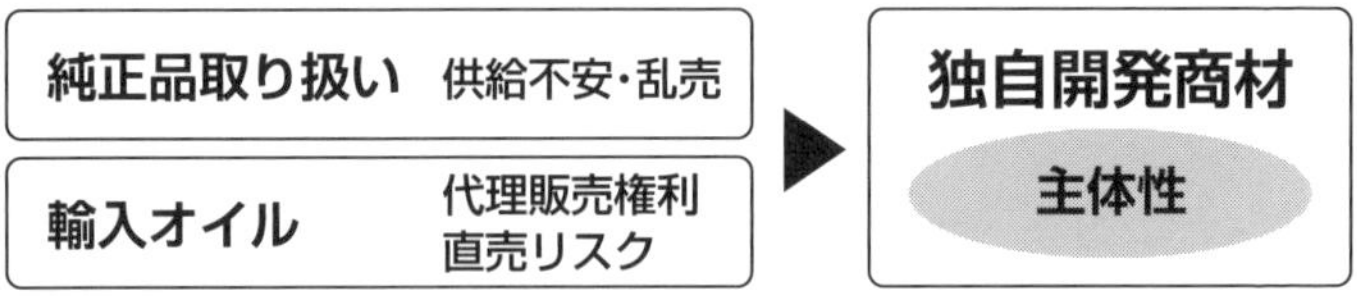

◎商流

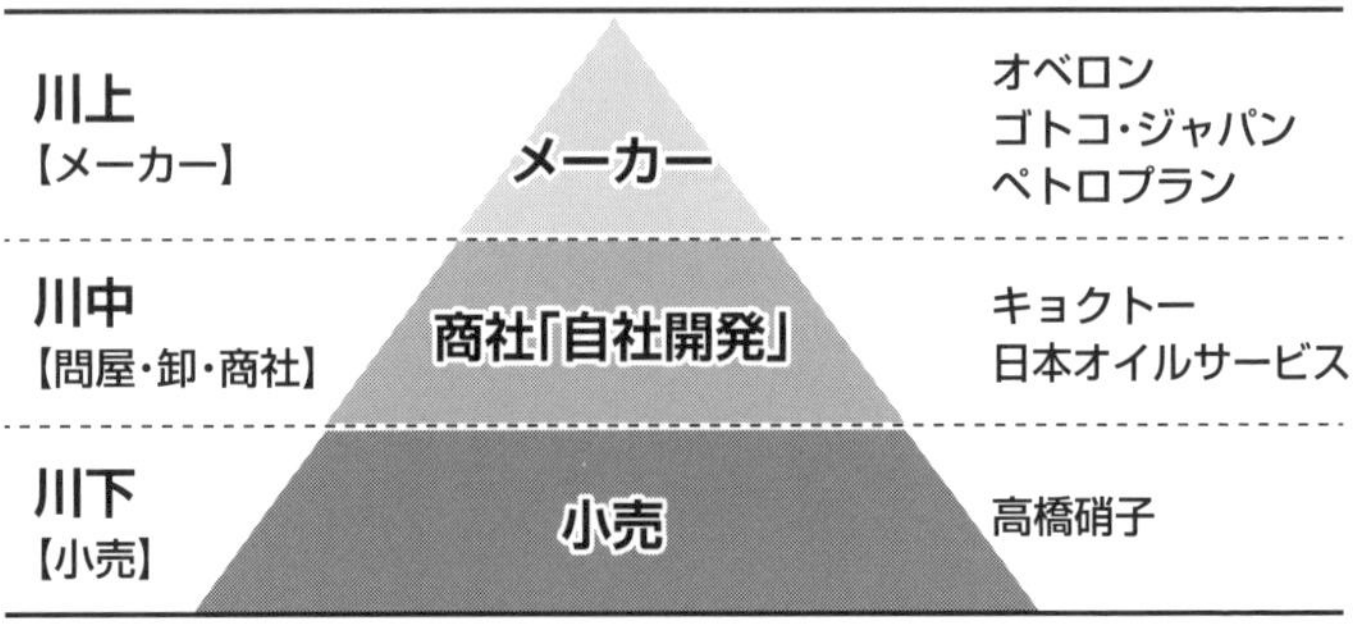

問屋から商社へ、そしてメーカーと軸足を移すことで社会環境に適応、より経営リスクが少ないビジネスモデルに変わっていく

第2・3の難局

1990年　カストロール契約解除

カストロール　7,000KL/年

メーカーシェア　70%

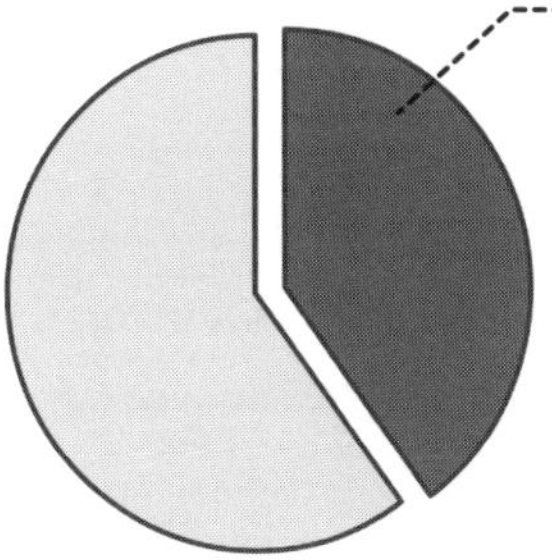

カストロールの粗利
約40%

企業存続の危機

BP（ブリティッシュ・ペトローリアル）に特化した
積極販売を開始

危機を脱出

問屋商法の限界を痛感

量販店の商品戦略転換

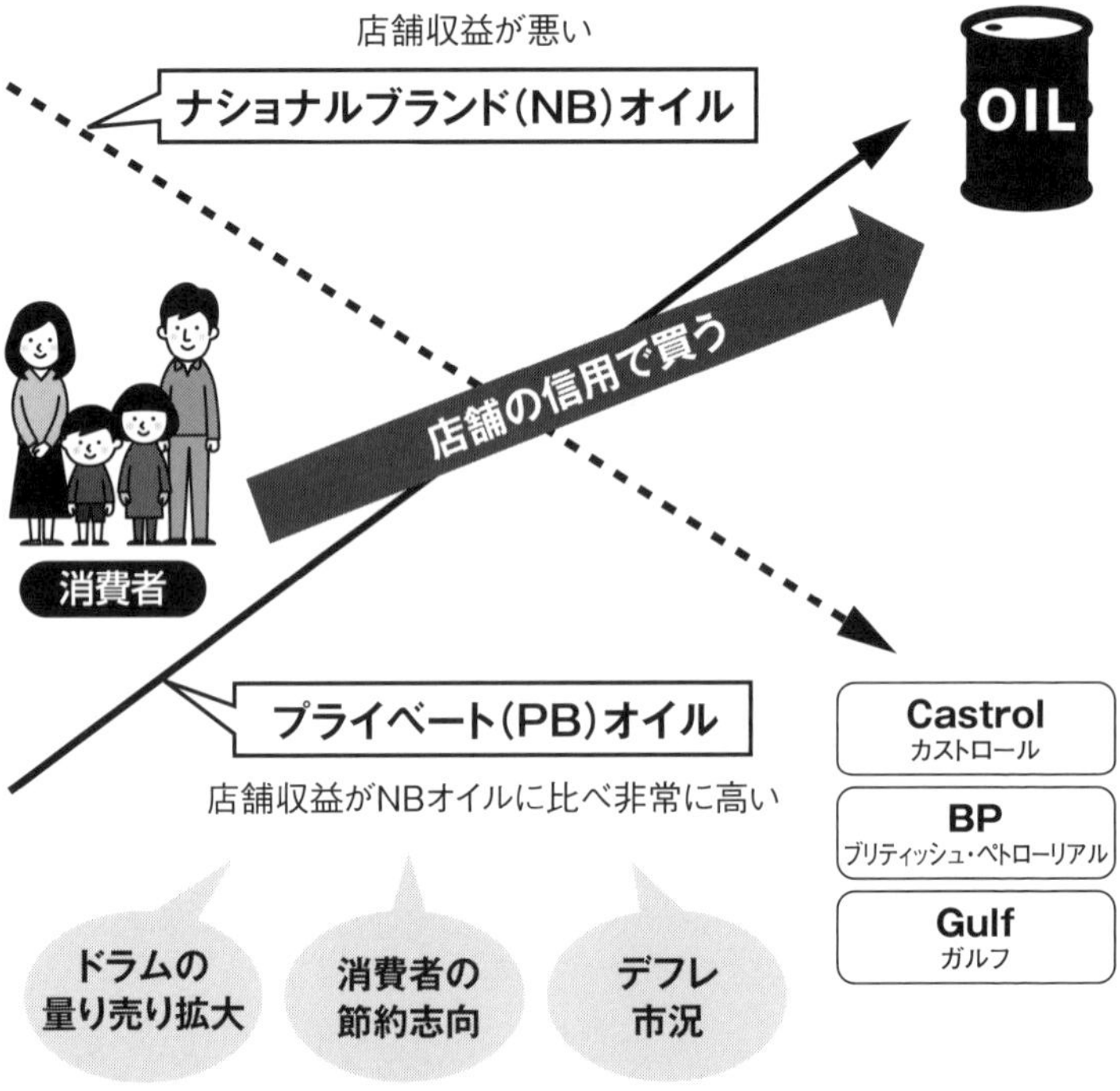

◎メンテナンス商材(ケミカル商材)の開発と販売
◎カーメーカー、カーディーラーの新規開拓
◎問屋商法「代理店商法」からメーカーへ成長

第2・3の難局

2000年代　ナショナルブランド(NB)オイルの市場価値崩壊

オイルショック後、純正オイルの価格競争激化を受けてBP（ブリティッシュ・ペトローリアル）を始めとする海外のナショナルブランド（NB）オイルの取り扱いに力を入れて成功。販売代理店として多くのブランドを取り扱うようになった。ところが、収益の柱へと育ったカストロールが他社の取り扱いをやめるよう当社に迫り、断ったところ、契約解除に至った。**【第2の難局】**

粗利の約 40%を占めていた商材を失い、当社は存亡の危機に瀕したが、BPなどの既存ブランドの猛烈な拡販でしのぐ。その経験からいつ切られるとも知れない代理店ビジネスの限界を感じ、プライベートブランド（PB）オイルの開発に乗り出し、カー用品量販店などに直接卸す商社的な立ち位置を獲得した。

やがてバブル崩壊後のデフレ経済が長引くと、知名度や性能を武器にした高価なNBオイルが苦戦するようになる。**【第3の難局】**低価格志向の消費者はブランドにこだわらなくなる一方、カー用品量販店は利ざやが小さいうえに売れ行きに影が差したNBオイルより、販売価格は低いが利ざやが大きいPBオイルを拡販したのだ。

当社はNBオイル、PBオイルの双方を扱いながら、コーティング剤などのメンテナンス商材（ケミカル商材）の開発にも力を入れ、メーカー機能を獲得することでその変化を乗り越えた。もしもNBオイルだけに頼っていたら、再び足元が危うくなるところだった。

目次

第2章 変革期だからこそ踏み切った船出
マイカー時代がやってきた　1960〜1969

第3章 成長時に訪れた苦難【第1の難局】
危機は乗り越えるためにある　1970〜1984

第4章 業務の多角化で乗り切る【第2・3の難局】

目指すは日本中のお客様　1985～

第5章 人を育て、人を動かす【企業は人なり】

第6章 次の半世紀を生き残るために

第1章

若きころの経験が経営者としての基盤に

●日本の自動車産業の夜明け前
～1960

主な国産新型車

初代トヨタクラウン
日産ダットサン110型、スズキスズライト
スバル360、ダイハツミゼット　など

名実ともに日本経済を支える基幹産業となった自動車、なかでも国産乗用車の歴史は、決して古いものではない。今日では世界一の自動車メーカーとなったトヨタ自動車の実質創業者である豊田喜一郎氏は戦前から世界に通じる乗用車の開発を夢見て、１９３３（昭和８）年に、いまでいうベンチャー企業の心意気で、織機メーカーであった家業の片隅で自動車部を立ち上げた。しかし、その時代にはまだ日本に乗用車の市場は存在しなかった。

当時米国ではすでに世界初の量産乗用車である「フォードＴ型」が普及し、誰もがマイカーを持てる時代を迎えようとしていたが、太平洋を挟んだ日本では、そのフォードが１９２５（大正14）年に横浜に建設した工場でノックダウン生産（部品を輸入して日本で組み立てる）していた「Ｔ型」と、その後継車である「Ａ型」が最量産車にして最高級車である。ゼネラル・モーターズ（ＧＭ）も１９２７（昭和２）年に大阪に建てた工場で「シボレー」のノックダウン生産を開始しており、その２社に英国のオースチンを交えた外国勢に、１９１４（大正３）年に日本初の国産車を作った快進社にルーツを持つダットサン（日産）やトヨタなどの日本勢が挑んだものの、品質も価格も勝負にならなかった。

乗用車の需要は多くが軍や警察などの行政機関や、企業の役員車、タクシーといった法人車であり、庶民にとってクルマと言えば乗用車よりトラックやバスのほうが身近な時代だ。トヨタもせっかく開発した初の乗用車はビジネスにならず、同じシャシーから生まれたトラックで足場を固め、戦時中は軍用トラックの生産で、本格的に自動車メーカーとなった。

戦後も乗用車の生産はＧＨＱ（連合国軍最高司令官総司令部）によって禁じられ、トヨタや日産もトラックが主力商品だ。１９４７（昭和22）年に年間わずか３００台の小型車（１５００cc以下）の乗用車生産が許され、トヨタは４輪独立サスペンションなどの先進的な設計を持つ「ＳＡ型」乗用車を送り出すものの、やはりビジネスにはならなかった。

それが大きく動き出すのは１９５５（昭和30）年のことだ。

トヨタがすべてを独自技術で開発した初代「クラウン」を発売。２輪車を足掛かりに織機メーカーから自動車メーカーへと転身した鈴木自動車工業（現・スズキ）は、当時制定されて間もない軽自動車規格の本格的な乗用車、「スズライト」を世に出したのだ。

１０１万余円という「クラウン」の価格は、いまなら数千万円の感覚であり、「スズライト」の42万円も当時の庶民には高嶺の花。それだけに、排気量わずか1500ccで、今日の「カローラ」より小さな小型車規格でありながら、「クラウン」の主な用途は社長などの役員を後席に乗せる黒塗りの法人車。サイズこそ小さいが、やはり庶民に手の届く存在ではなかった「スズライト」の最初の顧客は、往診に使おうと考えた女性医師だったという。

乗用車の「スズライト」で軽自動車に挑んだ鈴木自動車に対して、明治時代から産業用のエンジンを生産し、戦前に小型トラックに進出、戦後もユニークな三輪乗用車の「BEE」などを発売していたダイハツは、人気コメディアンの大村崑を起用した業界初の生テレビCMなどで軽三輪トラックの「ミゼット」を1957（昭和32）年にヒットさせ、街の商店に急速に自動車が普及していく。

さらに1958（昭和33）年に、航空機メーカーが前身の富士重工（現・スバル）がその技術を活かした軽自動車の「スバル360」を発売。優れた性能とともに、量産効果によって年々価格が下げられ、高度経済成長と相まって、庶民にもマイカーが少しずつ身近な存在になっていった。

変革期のど真ん中、中学を卒業しクルマ業界へ

のちにキョクトーグループを率いて自動車産業に関わり続けることになる私は、そのような時代に多感な少年時代を過ごした。

大戦最中（41～45年）の１９４３（昭和18）年に大阪府で生まれた私にとって、思い出に残る自動車と言えばオート三輪だ。小学生時代に、町内に個人の運送屋さんがおり、オートバイのようなバーハンドルのオート三輪車で営業されていた。子ども好きな方で、ときどき私は友人と何人かで荷台に乗せてもらい、近所を走り回ってもらった記憶がある。荷台で嗅ぐ排気ガスの匂いが好きだったこともよく覚えている。

そんな私が中学を卒業して奈良ダイハツに入社したのは、１９５８（昭和33）年春のことだ。「スバル３６０」が発売されたのは、まさに同じ年の5月のことだったが、当時は日本経済を背負う繊維産業が花形の時代。**自動車は、まだ現在のよう**

な基幹産業とは程遠く、海のものとも山のものとも知れない業界だった。

そうしたなかで私が自動車販売会社に入社したのは、たまたま知人の紹介があったからだ。いまのように誰もが高校や大学に進学する時代ではない。しかしその一方、高度経済成長の下で、中学卒の働き手が金の卵と持て囃《はや》された人手不足は終わろうとしていた。

なにしろ奈良ダイハツの、その年の新入社員を集めての最初の訓示で、「新人の育成には時間がかかる。一人前になるには、おおむね3年。その間はむしろ会社の生産性が落ちる。会社の方針が気に入らなければすぐにでも辞めてほしい」と言い放たれたのだ。

経済成長は続いていたが、その伸びは一段落し、人手が余って就職難の時代が到来していたから、働きたい者はいくらでもいる。会社としては、戦力にもならない新人を養ってやるのだから、気に入らなければいつでも辞めてもらって結構という態度である。

私としてはそんな就職難のなかで、知人の紹介のおかげで試験もなく就職できたのだから文句はなかった。ご縁のあった自動車業界というところで頑張ろうという気持ちで入社したのだった。

部品部の仕事が出発点

入社後、配属されたのは部品部である。当時の中卒の若者は大工の棟梁に弟子入りするような、手に職をつける生き方を志すのが一般的だった。そういう意味では、自動車販売会社に就職した私は専門職である整備士を目指してサービス部を志望するのが順当だったろう。

しかし、私を奈良ダイハツに推してくれた知人は「**これからの時代は整備士ではなく、商売全体を覚えろ**」とアドバイスしてくれた。そこでメンテナンスのための多くの部品を扱う部品部への配属を希望して、かなえられたのだ。

結果として、私はそのアドバイス通り部品部での仕事を通して自動車ビジネス全体を見る目を養い、今日まで生き抜くことができた。まったくもって人の意見は聞くものである。

とはいえ15歳になったばかりで右も左も分からなかった駆け出しの私にとっては、言われた仕事をこなすだけで精いっぱいである。部品部に配属されて最初の仕事は、取り扱う部品を覚えるために、サービス部の工場で整備士の横について工具を渡すことだった。

何も分からないまま言われた場所に控えると、「モンキー（レンチ）を取れ」「メガネ（レンチ）を取れ」「スパナを取れ」「マイナス（ドライバー）を取れ」「次はプラス（ドライバー）だ」と矢継ぎ早に指示が飛んでくる。

指図の意味が分からず迷っていると、ボルトの締め付け具合などを叩いて確かめる小さなテストハンマーで容赦なく小突かれた。メーカーの看板を掲げた、れっきとした正規ディーラーのサービス部での話である。

手取り足取りの丁寧な新人研修が当たり前の現代では、体罰がまかり通る乱暴な教育法はパワハラであり、労働基準法違反にもなるが、当時はどこの職場へ行ってもそれが当たり前だったのである。たまらず私は本屋に足を運び、少ない小遣いから工具の本を買って懸命に勉強して、ようやくハンマーで小突き回されることはなくなった。

工具だけではない。当時もいまも部品のことはパーツと呼ぶが、横文字のその名前をすべて覚えなければ部品部では仕事にならない。**ひたすら勉強の毎日で、膨大なパーツの名を徐々に覚えていくうちに、何とか仕事ができるようになっていった。**

サービス部での研修中にはさんざんな扱いの洗礼も浴びたが、当時の部品部の直接の上司であった中川貞夫係長には大変お世話になった。中川係長は私より干支でひと回り上だから私の入社当時で27歳の若者だったが、15歳で入社した私が両親を早くに亡くしていたことなどの家庭の事情も理解してくださっており、公私にわたって親切に接していただいた。

入社間もないころには、会社内の手続きやルールなども懇切丁寧に教えてくださったし、何か問題があれば処理を手助けしてくださった。仕事では厳しい面もあったが、まだ中学校を卒業したばかりの少年だった私に社会人としての在り方を徹底的に仕込んでくださったのだ。

社会人一年生の私の恩師となった中川氏は2021（令和3）年の、いまもご健在で、毎年年賀状の交流をさせていただいている。

ギャンブルで学んだ、事業立ち上げの肝

当時は自宅近くの近鉄久宝寺口駅から布施駅で乗り換え、近鉄奈良行きの準急に乗るのが通勤ルートだったが、途中の大和西大寺駅の近くに奈良競輪場があり、帰宅時間にはよく競輪帰りの人々と乗り合わせた。彼らの会話に耳をそばだててみると、「負けてスッテンテンになった」とか「全財産を突っ込んだ挙句に家の権利書を取られた」といった悲惨な話が飛び交っている。見るからに落ちぶれた様子の大人たちが電車の網棚に捨ててある新聞を、人目もはばからずにあさる姿も数多く見かけた。

まだ車券も馬券も買えない少年だった私は、その姿を見ながら「賭け事はするものではない」と骨身にしみて思ったものだ。以来、競輪、競馬、競艇、オートレー

スに麻雀、花札、パチンコに至るまで、一切のギャンブルはしたことがない。

それでは、まったく賭け事に興味がないのかと言えば必ずしもそうではなく、友人や部下とのゴルフのスコアやカラオケの点数まで余興で握って（賭けて）しまうのだから、根は好きなのだと思う。だからこれまでの人生で賭け事にのめりこんで財産を失うような失敗をせずに済んだのは、あの競輪帰りの情けない大人たちを反面教師とすることができたからだと思っている。

もっとも、のちに自身が事業を立ち上げてからの毎日には、ギャンブルのような一面もあった。もちろん仕事は運次第のギャンブルではなく、きちんとした計画や勝算を持って臨んできたが、それでも全戦全勝は望めないものだ。新しい事業には「失敗しても試しだから、やってみよう」と考えて挑む。そこで全財産を突っ込んで、失敗したら終わり、となると本当にバクチだが、**私は常に万一うまくいかなかったらいつでも撤退できる範囲で資金を投じつつ、なんとか活路を見出すために全力を挙げるというやり方で生きてきた**。成算は、せいぜい7勝3敗なら御の字。その3敗が計算できることが肝心だ。

そんな姿勢も多感な時代に電車の中で出会った、スッテンテンになった無一文のオケラたちのおかげと思えば、反面教師様様である。いまでも私は、事業に成功した人の言葉より、負けてすべてを失った人の言葉のほうが心に響くのだ。

ヤンチャの青春が経営センスに生きてくる

さて、入社翌年になると私は2輪免許を取得し、指定販売店や部品商、整備工場などの取引先への配達や集金に駆け回るようになった。まだ10代の若者がオートバイを乗り回すことにはエリート意識もあり、奈良県内一円を走るのは仕事とはいえ楽しかったものだ。

そのころはマッハ族と呼ばれる、いまでいう走り屋（その後の暴走族とは違って凶暴性はなく、純粋に走るのが好きな若者たちだった）が流行っていて、オートバイで最高速度を競っていた。ホンダの「ドリーム号」と呼ばれる250ccのオートバイで時速140キロメートル出したというのが自慢の時代だ。

影響された私もつい調子に乗って、集金の途中で田舎道を思い切り飛ばした。三叉路と気づかず坂道を全開で登りきったところ道がなく、突き当たりは水を張った田んぼ。オートバイともども空を飛びながら、かろうじて空中で車体を蹴って別々に田んぼに突っ込み、泥だらけになったこともある。運よく大きな怪我がなかったからこうして笑い話にできるが、世の中全体がまだのんびりと緩い時代ではあった。

18歳で四輪免許を取得した後のいたずらも懐かしい。

当時はまだ週休二日制の会社はなく、土曜日も通常勤務が普通で私も毎週出勤していたが、さほど忙しくない土曜日の昼休みには車両部の同僚で親友でもあった石田郁夫君と、会社のオート三輪で会社近くの奈良公園をドライブするのが習慣になっていた。

公園内では、デートを楽しむカップルの姿も目についた。こっちは働いているというのに、のんびりデートしている姿を見せつけられるのは面白くない。ある日、いつものように奈良公園をドライブしていて、カップルを別れさせようという話になった。当時のオート三輪は貧弱なタイヤとドラムブレーキで、ちょっと強くブレーキを踏むとキーっと派手な音がした。そこで、手をつないで公園内の道路を歩いているカップルに後ろから近づき、急ブレーキの音でびっくりさせたのだ。

スピードはそれほど出ていないし危険な距離でもなく、後続車がいないことも確認したうえでの犯行だが、後ろで急ブレーキの音がすると、危険を感じた男性の何人かは、あわてて彼女の手を放して、自分だけが歩道に逃げた。取り残された女性は、後ろでニヤニヤしているオート三輪の野郎どもの前で呆然と立ち尽くしているのだ。

いまのクルマではブレーキがそんなふうに鳴くことはないし、いま振り返ると「あの男、きっと振られるぜ」と笑う男二人はなんとも悪趣味だが、当時はそんな悪ふざけが楽しくて仕方なかった。あんなヤンチャな行いもまた、青春というものだったのだろう。

第2章

変革期だからこそ踏み切った船出

●マイカー時代がやってきた

1960~1969

主な国産新型車

トヨタパブリカ、マツダキャロル
ダイハツコンパーノ、いすゞベレット
プリンス(日産)スカイライン、日野コンテッサ
日産サニー、トヨタカローラ、スバル1000
ホンダN360、いすゞ117クーペ
ダイハツフェローなど

1960年代の日本は、若者の時代だった。日米安全保障条約反対や大学の授業料値上げ反対など、学生たちは社会のあらゆる既成権力に反旗を翻して暴れまわり、ビートルズに代表される洋楽やミニスカートの流行など、音楽やファッション、社会風俗も若者たちが牽引した。デモ隊の若者たちは「30歳以上を信じるな」とシュプレヒコールを叫んでいた。当時はわずか30歳にしてオジさん呼ばわりされたのだ。

しかしその時代は、オジさんたちが急速に豊かになっていった時代でもある。働けば必ず明日は今日より豊かになり、分割払い（＝ローン）の登場で高額商品も買いやすくなった。街の商店の配送車などから普及し始めた自家用車は、60年代前半にはまだサラリーマンには高嶺の花だったが、後半になるといよいよ手の届きそうな夢になった。

「カー」「クーラー」「カラーテレビ」のいわゆる3Cが〝三種の神器〟と呼ばれ、郊外に開発された団地に住んで空調の利いた涼しい部屋でテレビを楽しみ、休日にはマイカーでドライブに出かけることが、幸せな家庭生活のロールモデルになったのだ。

最悪の状況からのスタートが結果的にプラスに

10代後半を無我夢中で働き、ひと通りの仕事を覚えた私は、1965（昭和40）年に22歳で奈良ダイハツの部品部門の責任者となった。若くして大出世……ではない。当時の部品部門は大赤字で、経営幹部からは「ゴク潰し部門」とののしられるようなお荷物だった。

在庫は過剰だし、自社のサービス（整備）部門が使う社内振替品は原価販売で利益がなく、社外からの注文で出荷する外販のみが利益というシステム。にもかかわらず配属されるのは他の部門でいらないと放り出された者や怪我人など、およそ戦力にならないような余剰人員の吹き溜まりだったのである。

責任者として着任当時の奈良ダイハツ部品部の業績は、全国55のエリア中ワースト5位というありさま。入社7年目とはいえ20代前半の若造に責任者を任せたところで、これ以上悪くなりようがないということだったのかもしれない。経緯としては、私の最初の上司だった中川係長（33ページ参照）が他部署に転任した後、ボロボロの部品部を引き受ける者が誰もおらず、消去法で私に回ってきたポストだった。

もっとも、最悪の状況からのスタートのおかげで、遠慮なく思い切った手を打つことができたとも言える。まがりなりにも責任者となった私は、まず部品を自社のサービス部で使う社内振替でも手数料が確保できるよう各部門と交渉した。

外販では純正オイルの拡販に注力した。いまも昔も自動車のエンジンオイルは、エンジン内の潤滑や冷却、清浄などを担い、エンジンの性能や耐久性をも左右する重要な要交換部品だが、当時の自動車ユーザーはなぜかメーカー（ディーラー）指定の純正品より、ガソリンスタンドで販売している石油メーカー系ブランドのオイルを使うのが一般的だった。私は**その風潮をなんとか打破して、純正オイルを使ってもらおうと考えた**のだ。

ちなみに今日では二輪、四輪を問わず主流となった4サイクルエンジンのオイルはエンジン内を循環し、潤滑や冷却、清浄の役割を果たして汚れるため、定期的に交換する。しかし、当時の軽自動車の主流だった2サイクルエンジンは構造上オイルをガソリンとともにシリンダー内に送り込み、潤滑の後は燃焼させてしまう。オイルは走るほどに消費されて減る消耗品なのである。

しかも2サイクルエンジンオイルの性能は4サイクルエンジン以上に、走行性能やエンジンの耐久性にも大きく関わるため、自動車メーカーは純正指定オイルを使うことを推奨していた。軽自動車の普及が進み、ダイハツでも「ミゼット」に加えて1966（昭和41）年に発売した2サイクルエンジンを積む軽乗用車の「フェロー」がよく売れていた当時は、純正オイルが売れるマーケットが日に日に拡大していた時期でもあったのだ。

私は純正指定オイルのメーカーである石油会社の営業マンとも同行して、それまではライバルであったガソリンスタンドにも純正オイルを新規に売り込んだり、部品商、指定販売店、一般整備工場と、県内をくまなく拡販に回った。


取引先の県内部品商との間では、「予約受注の価格引き下げの一部充当積立」も始めた。当時は部品商の倒産は珍しくなく、当然ながら倒産されると売掛金の回収は不可能になり、上からは苦言も出る。

そこで倒産リスクを減らす手段として、また売り上げを伸ばすためにも、**予約の**

受注については値引き分を保証金として積み立てる制度をつくったのだ。これは奈良ダイハツにとっては売り上げの安定とともに社外品を封じる対策となり、部品商にとっては値引きの範囲内で積み立てた資産ともなる。奈良県内の部品商にその狙いを丁寧に説得して回り、了解を得ていった。

さらに奈良県内にとどまらず、名古屋や大阪の大手部品商への新規売り込みも始めた。

当時の奈良の部品商の純正部品仕入れルートは、地元のディーラーと大阪の大手部品商の2ルートがあった。大手部品商は規模を活かして価格を抑えたうえに、全メーカーの純正・社外品の一括発注ができるという強みがあり、一定の支持を得ていた。そこで、**地元の部品商が遠くの大手部品商から買うのなら、こちらが売り込んでもよかろうと、逆に仕掛けていった**のだ。

そうした施策の甲斐あって、お荷物部門だった部品部の売り上げも粗利も順調に増え、収支は改善されていった。

⚙ 頑張ってもほめてもらえず、くさりそうになった日々

　ところが、私が部品部の責任者になった後に着任し、サービス部の部長や常務、専務を飛び越えて直属の上司となったダイハツ工業出身の清水正義社長は、そんな私の頑張りを簡単にはほめてくれなかった。

　部品部の売り上げが全国5位になったことを意気揚々と報告に行くと、「上にまだ4社もあるのに自慢するな」。がっかりしながらもなにくそと頑張り、ついに1位を取って今度こそと足を運ぶと、あろうことか「1回トップになったぐらいで自慢するな」である。

　実績を挙げているのに認めてもらえないのはつらい。どうすれば認めてもらえるものかと、考えた私は**社長に自分の考えを直接言える環境をつくろうと思った**。

　清水社長は単身赴任で、奈良の大和西大寺駅近くのマンションからマイカーを自分で運転して通勤していた。そこで社長の出勤時間前に駐車場で待ち、乗用車の運転がしたいと願い出て、ほとんど毎日運転手役を務め、通勤途中にコミュニケーショ

ンを深めたのだ。

それでも仕事に対するおほめの言葉はいただけなかったが、若い私はこんちくしょうと意地になって、常時全国5位以内をキープしていた。そうするうちに、やがて傍流だったはずの部品部の収支がサービス部を追い越し、新車販売部門の次に会社の利益に貢献するまでになったのである。


もはや私はそんな功績を、いちいち社長に自慢することはなくなっていた。するとある日、向こうから「いままではあまりほめると有頂天になってダメになるからほめなかった」と、控えめなねぎらいの言葉をかけられたのである。頑張ってもほめてもらえず、くさりそうになったこともあった私だが、それでようやく得心がいった気がしたものだ。

もっとも、それだけ頑張っても会社からはなんの報奨金も出なかった。業績アップには私だけでなく、部品部のスタッフ全員の頑張りも貢献している。彼らも含めて何かご褒美があってもいいのではないかと社長に交渉すると、「それが規則だ」の一点張り。当時私は組合の役員もしており、日頃は組合が同一労働同一賃金を掲げて会社と交渉していた手前、私もそれ以上は強く言えない。

せめてみんなの頑張りに報いたいと考えた末に、私はひとつの裏技を編み出した。**「予算化されている社長の交際費を使わせてほしい」とダメもとで直談判し**、部下をねぎらう懇親会を催したときは、毎回領収書を黙って社長の机に置いたのだ。そこは社長も心得たもので、内密に処理してくれたものだった。

考えて、考えて、そして考えろ

その後も、清水社長にはいろいろと学ばせていただいた。

清水社長からよく言われた言葉のひとつは、「考えて、考えて、そして考えるようにしなさい」ということだ。まだ若かった私は、当初その言葉の深い意味を考えることもなく聞いていた。その意味が理解できたのは、ずいぶん経ってからのことだ。

私が25歳になったころのこと。業績の向上で部品部の部員も増え、倉庫も手狭になったことから増改築を上奏しようと考えた私は、半月もかけて毎晩夜中の3時ごろまで眠い目をこすりながら企画書を書いた。ようやく書き上げたそれを清水社長に提出すると、彼は表紙だけを見てひと言「ダメだね」と言うのだ。

真剣に取り組んだ仕事なのに、中身を見もせず却下する社長にカッとなった私は感情的になって「そんならもういいですわ。やめときます」と捨て台詞《ぜりふ》を吐く。するとと社長の返答は「だからダメなんだよ」。これにはずいぶん腹が立ったことを覚えている。

それでも気を取り直して、規模を縮小した修正版の企画書を再提出すると、今度は表紙と中身をチラリと見て、またしても「ダメだね」である。こっちもまたまた頭にきて、「もういいですわ」「だからダメなんだよ」の押し問答になった。何も聞かずに企画書を見て、ひと言ダメと言い、それならこちらもなかったことにしてくださいと言えば「だからダメなんだよ」では話の順序が逆で、日本語がおかしい。

ぷんぷん腹を立てながらも、三度書き直した企画書を社長に持っていくと、今度はその中身も見ずに「やりなさい」とあっさり承認である。

よくよく思い返せば、最初の企画書は相手である会社の都合を考えずに、担当責任者として望む最大規模と予算の内容になっていた。2回目の企画書でも、まだ会社都合を考えずに出した。だから断られると「もういいです」とあっさり引き下がる。仕事と言いつつ会社全体の利益ではなく、自分の都合中心に考える一方で、自分自身の熱意もまた込められてはいない、まるで他人事みたいな企画書であることを、社長は中身を見るまでもなく見抜いていたのだ。

それでも諦めずに書き上げた三度目の企画書は、今度こそ、正真正銘考えて考え抜いた企画書と判断して、承認となったような気がする。それが「考えて、考えて、そして考えなさい」という言葉の真意だと、私はやっと理解した。

人を侮辱して発奮させ、それなりの実績が出たところでほめずにさらなる努力をさせて私を成長させたのだなと、後になって感じたものだ。本当に清水社長には感謝しかない。

常日頃から「オール・オア・ナッシングではダメだ」「考えて、考えて、そして考えろ」

と言われた清水社長の教えは、その後の経営者としての私にも大きく影響している。

いまの私が、**やる気のある社員にはまず相手に先にしゃべらせ、それから私の意見を言うようにしている**のも、**部下の意見は真摯に聴き、部下を怒鳴りそうなときはひとまず気持ちをしずめて、一夜おいてから叱るようにしている**のも、そうした教えを意識してのことだ。

まさに変革期だから起きるトラブルとアイデア

若かった私がそんなふうに頑張っていたあのころは、マイカー時代の足音が着実に近づき、日本の自動車産業がいよいよ躍進しようとする時代だった。

1964（昭和39）年の東京オリンピック開催に向けて、1962（昭37）年の京橋―芝浦間を皮切りに首都高速（自動車専用道路）の建設が進み、1963（昭和38）年には日本初の高速道路となる名神高速の栗東―尼崎間が部分開通（65年全通）。1970

（昭和45）年に大阪での開催が決まった万国博覧会に向けて、東名高速の建設も進んでいた。

それは、日本の自動車技術が急速に実力を身につけた時期でもあった。1963年の名神高速部分開通当時は、制限速度である時速100kmを掛け値なしに出せる国産車は数少なかった。当時はまだ現役だった初代「クラウン」ですら、カタログ上の最高速が時速100km。実際には、ちょっとした上り坂でもみるみる速度は落ちた。

まして古い中古車やトラックなどはアクセル全開でも時速100kmに届かない。軽自動車の高速道路での最高速度が2000（平成12）年まで時速80kmに規制されていたのも、当時の360ccの軽自動車にはそれが限界の性能であることが、開通前の実験で明らかになったからだった。


そんな具合だから、開通後の名神高速道路では、故障車が続出した。7月16日の開通から10日間で、開通区間の延長71・1km、時間にして1時間に満たない高速走行に耐えられずに、600台近いクルマが故障に見舞われて立ち往生したのだ。まだ高速道路はおろか、テストコースもない環境で開発された当時の国産車は、冷却系統などの信頼耐久性も不足していたし、使われている部品やオイルの品質もいまよりずっと低かった。

タイヤも現在では常識となっているラジアルが海外では登場していたが、国産車はグリップの頼りないバイアスタイヤしかない。すり減った古いタイヤのトレッド面にゴムを盛った再生タイヤも出回っていたから、いまではめったにしなくなったパンクも多い。さらにファンベルト切れや冷却水不足によるオーバーヒート、全開に近い高速走行で一気に悪化する燃費による燃料切れなど、あらゆるトラブルが起きたのだ。

いかに周囲の人を味方につけるか

私が部品部門の責任者として奮闘していたのは、まさにそんな時代である。

奈良ダイハツの部品部門の責任者となった私は、県内の同業他社の人々との知己を得る機会を得た。トヨタや日産、マツダ、三菱、スバル等のディーラーの部品部門の責任者が月に一度顔を合わせて情報交換する会議、「純正部品懇話会」にダイハツの責任者として出席するようになったのだ。

他社の出席者は皆年配の部長クラス。そこに唯一加わった24歳の若者の私は、当初人間関係の確立に苦労した。しかし、そこで築いた信頼関係が、数年後には私自身の武器となる。

当時の私は若かったが、その分、しがらみや前例にとらわれない、新しいアイデアを次々と出すこともできた。各社相乗りによる、奈良県内の部品共同配送もそのひとつだ。

ダイハツも含めて、奈良県内の各販売会社の部品部門は県北に位置する奈良市に集中し、各社がそれぞれに南へ向けて自社の配送ルートを築いていた。しかし、私は**各社が協力して同じ方向へ向かう配送便を共同で定期運航するシステムを構築し、専門の運送業者に委託すれば効率が上がる**と会議で提案して、採用されたのだ。

各社から運送業者の選定や価格交渉なども任された私は、勤務先である奈良ダイハツへの手土産として、契約した運送業者にダイハツの3トンロングボディ車2台も販売した。最近聞いたところでは、私が発案したこの部品共同配送システムは、奈良では現在も続いているという。

そうした仕事上の工夫は、他にもいろいろと試みた。奈良ダイハツでは毎年3月末に棚卸しがあったのだが、広い倉庫で埃にまみれながら、何万点もの部品を1点1点部品番号順に在庫量を数えて帳票に記入するのは大変な作業だった。

3月の奈良は春には程遠く、底冷えする倉庫内で夜遅くまで残業するのである。在庫を数える者と記入する者が組んだコンビが何組も必要だが、部品部門の人員だけでは到底人数が足りない。そこで他部署の社員に応援を要請しようということになるのだが、彼らにとっては本来の仕事ではない以上、強制力のある業務命令ではなく、普通に頼めば断られるのは目に見えている。

そこで私は一計を案じた。「若い女性社員とペアを組んでの仕事なら喜んでしてくれるだろう」と考えて、まずは他部署の女性社員を必死で説得して記入に必要な人員を確保し、それから男性社員に彼女らと組んで在庫を数えてほしいと依頼したのだ。仕事とはいえ、広い倉庫の中、持ち場では若い女性と2人きりで長時間過ごすチャンスである。**応募者は一気に増えて、必要な人員をすぐに確保することがで**

きた。

地道な営業活動で奈良県内の部品商との人間関係が深まり、ようやく部品部の業績が伸びてきたころ、取引先にさらに喜んでもらえるよう、奈良県の南西部にある五條市に部品を配送する最終便を出すために考えたのは、クルマ好きの部下の活用だった。五條市に住む私の数少ない年下の部下はクルマが好きで奈良ダイハツに入社したものの、まだ若者がマイカーを持てる時代ではなく、毎日当時の国鉄で奈良まで通っていた。

そこで、会社のサービスカーとして使われていた「コンパーノバン」を入れ替える際に、一台を部品部の業務車両として残し、彼の通勤車兼配送車としてあてがった。使い込まれたクルマだったが、社内で要領よく内外装の部品を捻出してグレードアップしていけば、彼は大好きなクルマいじりと自動車通勤という役得を楽しみながら、帰宅時には最終便として注文された部品を五條地区の得意先に届ける業務として残業代もつく。**全員がウィン・ウィンというわけだ**。

大喜びでその任務を引き受けてくれた若者は、のちに私の右腕として、黎明期のキョクトーを支えてくれることになる。

そうした工夫や知恵は、必要に迫られての産物という面もあった。15歳で奈良ダイハツに入社した私は17歳で主任の肩書をもらい、22歳で部品部の責任者になった。部門長とはいえ、部下のほとんどは年上だ。若い上司に使われるのは面白くないだろうことは、容易に想像できた。偉そうに「これせい」と命令しても満足に動いてくれないし、そもそも人は命令だけでは言われたことしかしないもの。それでは付加価値のある仕事にはならない。

一方、年齢は若くとも責任者である私は、人を動かして組織としての実績を上げねばならない。そこで、**働き手が納得してプラスαの付加価値を追求し、積極的に動ける形をつくることを常に心掛け、さまざまな工夫をすることが身についたのだ。**

もしかしたらそうした考え方やアイデアは、私が早くに両親を亡くし、ひとりで生きてきたことも関係したかもしれない。後見人である親戚を含めて、周囲の人を味方につけ、快く力になってもらえる関係をつくることは、少年時代の私にとっては死活問題だったのである。

ピンチをチャンスに変える、人生の第一歩

奈良ダイハツに入社して8年目。仕事がようやく面白くなってきたそのころに、ついにマイカー時代の真打ちとなるクルマが登場する。

1966（昭和41）年春の日産「サニー」と、同年秋のトヨタ「カローラ」だ。

「サラリーマンにも買えるクルマ」をコンセプトに開発された「サニー」は、その狙い通りの手ごろな価格と必要十分な性能を備え、派手な車名募集キャンペーンも相まって爆発的に売れたが、それ以上に、先行する「サニー」より排気量を拡大し、メッキのモールやスポーティーなフロアシフトなどでひとクラス上の豪華さを謳《うた》った「カローラ」は大人気を得た。

ほんの数年前の名神高速部分開通当時には、まともに高速巡航ができる国産車は数少なかったが、「サニー」と「カローラ」は、ともに時速100㎞での高速ドライブを安全、快適にこなす性能と信頼性を実現させていた。軽自動車でも、1967（昭

和42）年に登場したホンダの「Ｎ３６０」が、同社の二輪車ゆずりの空冷エンジンで31馬力、最高時速１１５㎞という高性能を実現させると、各社が追撃する。

スズキは67年に出した「フロンテ３６０」をイタリアの高速道路に持ち込み、ミラノ―ナポリ間約７７０㎞を平均時速１２０㎞以上で走破して、高性能ぶりをアピールした。ダイハツも「フェロー」で68年の日本グランプリに挑み、クラス優勝。スバルも58年から作り続ける「スバル３６０」を高性能にチューニングしたスポーツモデルを投入するなど、次々と高性能車を投入し、若者たちは競ってそれに乗ったのだ。

その一方で、自動車業界は合従連衡の波にも呑まれており、１９６５（昭和40）年にはプリンス自動車と日産自動車の合併が発表（66年合併）され、66年には日野自動車がトヨタと、67年にはダイハツがトヨタとの業務提携に踏み切る。

そうした変化の波を、私はいやおうもなく被ることになった。当初はダイハツの工場でのトヨタ車の委託生産といった業務提携から始まったダイハツとトヨタの関係は、１９６９（昭和44）年になると資本提携へと進み、ダイハツの業務に出資者となったトヨタが口を出すようになったのだ。

部品部門においても、それまでダイハツとトヨタの関係は対等だったが、資本提携後にはトヨタの力が強くなる。その事実を突き付けられたのは、69年4月にトヨタの新型「パブリカ」の発売と同時に、ダイハツから同型姉妹車の「コンソルテ」が登場したときだ。中身は同じクルマだから、メンテナンス用の純正部品も同じ品物。今後はより台数が多いトヨタ車も視野に入れた部品販売ができると意気込んでいた矢先のことである。

新たに着任した奈良トヨタのロードマン（エリア担当者）から、**奈良トヨタの販売先には、今後は部品を販売しないように指示された**のだ。

奈良県下の、すべての部品商はトヨタと競合している。だから私としてはこれからチャンスと見ていたのだが、機先を制され、逆にすべて撤収しなければならなくなったのだ。これにはやる気が失せた。

しかも、ちょうどそのころ、ダイハツ本社から出向してきて私の上司の部品部長になった人物と、コミュニケーションがうまくできなかった。彼はもともと国語の先生だったとかで、ダイハツに入社してからも日が浅い。自動車業界はまったくの素人だったのだ。

1958年に奈良ダイハツに入社して11年半。私は培ってきた自分の力を独立して試すことにした。大きな変化というピンチをチャンスに変える、その後の人生の第一歩が、そうして始まったのだ。1969（昭和44）年、9月のことだった。

満足できる実績ができ、「オイルで食べていく」と決心する

独立して自分の力を試す、と言ってもまったく知らない世界ではさすがに勝負にならない。当時自分が知る世界と言えばやはり自動車部品である。かと言って総合部品商で起業しても、在庫過多や不良在庫で利益以上の損失が出ることもある業種であることを、私はそれまでの経験で痛いほど知っていた。

その点、オイルは消耗品である。燃やしてしまう2サイクルエンジン車はもちろん、当時は4サイクルエンジン車でもメカニズムやオイルの品質がいまより低かっ

たこともあって、3カ月に1度という、いまより高頻度での交換サイクルが一般的。ゆえにオイルは部品と比べてロスの少ない、確実なリピート商品だった。

しかも、私には奈良ダイハツの部品部を率いて全国的に一目置かれる立場にまで育てた自負がある。とくにオイルでは全国一位になったこともあり、自分の給料分ぐらいはすぐに稼げるという、いまにして思うと過剰なほどの自信もあった。

「お世話になりました」と清水社長に退職届を出すと、慰留はしてくださったが、トヨタの件や新部品部長との関係などを考えてか、強く引き止められることはなかった。そうして、いよいよ私はオイルで食べていく細い道を歩み出したのだった。

妻と当時の部下と私、この3人で独立

独立にあたって、私には多くの味方がいることが分かった。その最初の心強い顔ぶれは、妻と当時部下だった桝竹《ますたけ》和志君（70ページ参照）だ。

私が妻の和子と結婚したのは21歳のとき。当時としても早いほうだった。両親を早くに亡くした私には、借家などの多少の財産が残されていたが、それらの管理も含めて親戚にはいろいろと世話になっていた。彼らは私に早く身を固めたほうがいいと言う一方で、私が自分で見つけた女性には、あれこれと難癖をつけた。そこで、任せるから探してきてくれ、とゲタを預けた結果、セットされた見合いが和子とのご縁である。

結婚式は日本最古の神社とも言われる奈良県天理市の石上神宮で挙げた。式を終えて新婚旅行に旅立つ際には、いすゞがライセンス生産していた英国のフォーマルセダン、ヒルマンを直属の上司だった中川貞夫係長（33ページ参照）が用意してくださり、中川氏の友人でサービス部の川喜多氏とともに運転手役を務めて、当時の国鉄関西本線の難波駅まで送ってくださった。20歳を過ぎたばかりの若い夫婦が、立派なセダンの後席にひな人形よろしく収まって新婚旅行に旅立つというほほえましい思い出を、ひと回りも年上の上司に演出していただいたのだった。

そうして結婚以来半世紀以上。彼女にはいろいろと迷惑をかけてきた。

当時はようやく仕事では一人前になりかけたころ。夜の付き合いはせいぜい同僚との安酒だったが、先輩から「若い間は借金してでも遊びに行って、金の虚しさや値打ちを知っておけ」などと焚きつけられて、背伸びして高級店での遊びに挑んだ。遊び仲間の同僚と相談して、安い店に飲みに行く予算を4回分ためて、最初は個室の座敷で仲居さんが酌をしてくれるような店に足を運んだ。

しばらくするともっと上の店に行ってみたくなり、奈良公園でカップルに悪さをした親友の石田君と、ネオンがキラキラ輝く高級クラブ街〝奈良タウン〟に給料日に突撃した。安サラリーマン、まして20歳そこそこの若者の行く場所ではないが、一見《いちげん》にもかかわらず運よく店に入れてもらえ、きれいな女性が3～4人もついて、それはそれは楽しい時間を過ごした。

ところが、2時間ほどして勘定という段になると、2人の懐にあった1カ月分の給料はほとんどなくなってしまったのである。次の1カ月は金欠だったが、いまでもあれはいい経験だったと思っている。若いうちにそうした経験をしていれば、遊びに対して冷静になれる。のちに私は、それなりの年齢や身分になってから遊び始めて、身を持ち崩すほどのめりこんでしまった人を何人か見た。先輩の言葉通り、金は使い方次第で虚しくもなるし、値打ちも違うもの。若いうちだからこその無駄遣いには、世界を広げるという価値もあったと思うのだ。

ただし、妻にとってはそれがとんでもない話だったのは言うまでもない。結婚後も何度かそのような遊び方をして有り金を使い果たし、家に金を入れなかったことがある。借家の家賃も入ることだし、なんとかなるだろうと考えていたのだ。

するとある日、帰宅すると妻がなにやら細かな内職仕事をしているのである。「何をしているんだ」と問うと「あなたがお金を入れてくれないから」と手を休めずに言う。私もさすがに絶句して、以後、給料は袋ごと妻に手渡し、お小遣いをもらう身分になった。じつはいまなお、私は自分の給料の額を知らない。

そうして過ぎた遊びがようやく収まったかと思うと、まだ26歳の若さで、今度は会社を辞めて独立である。冷静に振り返れば、よくぞ文句も言わずについてきてくれたものだ。人手が足りなかった創業のころには、妻は1ケース24キログラムある業務用のオイル缶を2ケースもかついで走り回ってくれた。本当に、感謝している。

引っ張った部下の父上になんとか了解をもらう

もうひとりの従業員である桝竹和志君は、例の五條への最終便を頼んでいたダイハツ時代の直属の部下である。当時20歳だった彼には、先に会社を辞めて準備を進めてもらうことで話がついていた。当初は個人商店だったが、新しい事業を始めるには、営業車として1万5000円で購入した2台の中古車の整備や、名刺、伝票類、電話の契約など、さまざまな雑事がある。私がさまざまな引き継ぎを終えて奈良ダイハツを無事に退職したら、すぐに業務が始められるようにしてもらっておく必要があったのだ。

私はまだ26歳の若者だったが、桝竹君はさらに若い。その若い彼の人生を私が預かることになるのだから、ご両親にも了解していただかねばならない。そこで五條のご自宅を訪ねたのだが、桝竹君の父上は、元憲兵隊隊長の軍人というちょっと怖い人物である。

ご挨拶をと思っても真面目に話を聞いてくれず、「息子はダイハツに就職したのであって、あんたが独立するのに引っ張るな」という意味のことを言われる。ごもっともと言いながらも頭を下げるうちに、朝の10時だというのに近所の割烹のような店に連れて行かれて、夕方5時ごろまで酒を飲まされ、不覚にも意識もうろうに陥った。結局その日は話にならず、後日出直すものの、またもや朝の10時から飲まされる。

どうなる事やらと思ったが、その日は午後になるころには根負けしたのか「お前らの会社はきっとすぐ潰れる」とぶつくさ文句を言われながらも、どうやら了解らしきことを得たのだった。

以後、桝竹君には勇退まで専務として私とともに会社を率いて、多くの新規事業も担当してもらった。息子の心配をしていた父上にも、きっとご満足していただけたのではないだろうか。

周りの人に助けられて感謝の日々

本社は実家のある大阪に置いたが、奈良で部品のビジネスをしようとする以上、世話になった純正部品懇話会のメンバーへの挨拶も欠かすことはできない。正直なところ、独立後も取引が願えればという気持ちももちろんあった。

会合に顔を出して独立する旨を伝えると、各社の部品部長の地位にある年配の方々から「我々は独立するという勇気が持てなくて今日までサラリーマンで来た。我々の夢をぜひ成功させてくれ」と励ましていただけた。それればかりか、取引口座もない個人商店に対して、「商品を原価に近い価格で仮伝票で出荷してやる」「集金してから仕入代金を持ってくるのでいい。絶対に潰れないでくれ」と、ありがたいお言葉。各社のディーラーだけでなく、石油元売りの純正オイル担当者からも応援をいただき、心強い思いでスタートが切れたのだ。

独立したと言っても最初は小さな個人事業。叔父の知り合いの姓名判断の易者に占ってもらい、朝日が東から昇って発展するという意味を持つ「旭東商会」（以後、本書中ではキョクトー）という立派な社名をつけたが、資金もなく、親戚から借金もして始めたビジネスである。しかし、人とのつながりや善意に、感謝するばかりの船出だった。

そうしたなじみの顔ぶれから好意的に取引いただけたおかげで、奈良県内のビジネスはまずは順調に立ち上がり、桝竹君に担当を任せることができた。私はこれまで付き合いのない、未開の得意先開拓に挑むことになる。

しかしながら、奈良の隣の大市場、大阪の整備工場にはまったくコネクションがなく、飛び込みでの新規開拓はなかなかに難しい。聞いたこともない小さな個人商店が訪れても、誰も信用してくれず、相手もしてくれなかった。

そこでダイハツ時代に懇意にしていただいていた大阪ダイハツの課長を頼り、**大阪ダイハツ指定業者の名称を名刺に入れさせてもらってダイハツ関連の整備工場に営業をかけると、面白いほど新規開拓ができた**。ここでも、奈良ダイハツ時代に築いた人間関係が役に立ってくれたのだ。信用ってすごいと、改めて感じたものだ。

大阪万博を前に東名高速が全通したこの年の、日本の自動車保有台数は1800万台ほど。乗用車だけに限れば800万台程度の市場である。2015年の自動車保有台数約8000万台と比べると、まだモータリゼーションは緒についたばかりだったが、それは無限の可能性を秘めていることをも意味していた。

部品商や整備工場に純正オイルを中心に販売するビジネスは、給料分と経費分を稼げればいいという程度の想いで、当初大きな構想はなかった。わずかな退職金を元手に自宅の庭に3坪ほどの事務所を建て、自宅軒先の倉庫に積み上げた在庫は100ケースばかりで満杯。それでも、最初の1年で売り上げ3000万円、純粗利が400万円出た。妻と桝竹君との3人のささやかなビジネスとしては、上出来の滑り出しだった。

インタビュー①

私から見た藤田会長像

会長ならなんとかしてくれる。

株式会社キョクトー 元専務 桝竹和志 氏

元々は整備士希望でした

私は1965（昭和40）年に、整備専門学校を卒業して奈良ダイハツに入社しました。当然整備士になるつもりで入社したのに配属されたのは部品部でしたから、正直、最初はがっかりしたことを覚えています。後で知ったことですが、当時、業績を伸ばしていた部品部の責任者である藤田会長が、新入社員の取り合いで整備の責任者とかなり揉めた挙句に、その年の新入社員が全員部品部に配属されたのでした。

新入社員の目から見た上司である当時の藤田会長は、いまより痩せていて気難しそうな印象でした。すでに部品部の実権を握る実力者。ふだんは外回りや自分の部屋にいて、報告などがあるときにこちらから行くという関係です。**研修で経験した整備部は昔ながらの体罰などまかり通る荒っぽい現場だったのに対して、部品部は紳士的というか、**ちょっと違う感じでしたね。

「使いやすい」と思われていたかも

そんな私を独立するにあたって会長が相棒に選んでくださった理由は、いまも知りません。たぶん私が田舎者でスレておらず、真面目なところが見込まれたのではないでしょうか。

奈良ダイハツ入社当初は言われたところに部品を配達するだけでしたが、最後には営業的なこともできるようになった一方で、最後まで右を向けと言われたらずっと右を向いているようなところも使いやすいと思われたのかもしれません。

まだ20歳の若者だった当時の私は、会長についていくことで人生を左右されるとも思っていなかったんです。このままダイハツにいても整備士になれそうもないし、奈良ではなく、大阪で会社を始めるというのにも、田舎育ちの私はちょっと憧れたんですよ。

とはいえ私の目から見るとビジネスは最初からうまく行ったわけではなく、なんとか行けると思ったのは2年ぐらい経ったころだったでしょうか。その後、オートバックスとの取引が始まるころからは、がぜん忙しくなり、まだフォークリフトもなくて手作業で重いオイル缶をトラックに積み込む作業が大変だったことばかりが印象に残っています。

奥様がいなければ今日はない

そうした重労働を、当初は藤田会長の奥様も一緒になって手伝ってくださいました。奈良から大阪に出てきて、会長が所有する借家を寮のようにして暮らしていた私にとって、**奥様は母親代わりであり、姉代わりでもありました。私に限らず、入社した多くの社員が奥様の気配りのおかげでキョクトーという家族の一員になれたのだと思います。**奥様がいなかったら、当時の社員のうち半分は辞めていたのではないでしょうか。

同様に私にとって藤田会長は、上司というよりも兄貴に近い感覚でした。オイル缶を100ケースもトラックに積み込んでへとへとになり、出発前に運転席で一休みしていると、会長が「はよ配達に行かんかい」。むっとした私が「いま、休憩中や」と言い返すと、「運転しながら休憩したらええ」「ほんならタクシーはずっと休憩か」みたいに、遠慮なしに言いたいことが言える関係でした。

そうした関係だから仕事のうえでも、他の社員が言ったら「やかまし」と一蹴するようなことも、私が言うと聞いてくれたんです。**会社が大きくなっても、部下から「会長に言いたいことがあるので代わ**

りに言ってほしい」といった相談を受けることはよくありました。私自身も、みんなが会長に言いたくても言えないことは、自分が言わな、という意識はありましたね。

社内の実務は私が担当

会長と私は、性格的にはまったく違うんです。会長は根っからの営業肌で、外交的かつ前向き。対する私は内向的で、守りのタイプ。そのコンビネーションが、ともに知恵を出し合って歩くうえでは良かったのでしょう。最初のころは会社のすべてを会長が取り仕切っていましたが、社員が50人を越えたころからは外に対する会長の仕事が忙しくなり、組織の内部の運営は、主に私がするという役割分担ができていったんです。

会社が伸びていった時代には、日に日に人が増え、得意先が増え、ひたすら仕事に追い回される毎日。新事業への進出やカストロールとの取引停止など、いろんな大変なことがあったはずですが、いま思えばあっという間に過ぎていった気もします。

成功率は5割強だったと思う

ただ、会長は「事業は7勝3敗」とおっしゃっているようですが、私から見るともっと僅差。感覚的には7勝6敗といったところではないでしょうか。いろいろと新しいことに挑んでは、失敗もたくさんしたんです。そのたびに、ハラハラしたり、後押ししたり、後始末をしたり。喧嘩腰で止めたことも何度もあります。逆にPB（プライベートブランド）オイルの事業など、自分が言い出してうまく行ったときは、やはりうれしかったですね。

振り返れば、会長に引っ張っていただいたおかげで私の人生があるのは確か。もしも整備士になっていたら、街の修理屋の社長にはなっていたかもしれませんが、経営的にはどうだったでしょう。何があっても会長がなんとかしてくれるだろう、と信頼しながら50年も会社を続けてくることができて、よかったです。

第3章

成長時に訪れた苦難

第1の難局

●危機は乗り越えるためにある

1970～1984

主な国産新型車

トヨタセリカ／カリーナ、日産チェリー
スズキジムニー、ホンダ 1300
ダイハツフェロー MAX
ホンダ Z、三菱ギャラン GTO ／ FTO
ホンダシビック　など

１９６４（昭和39）年の東京オリンピックに続いて、１９７０（昭和45）年には大阪万博を成功させ、名実ともに先進国の仲間入りを果たした日本は、高度経済成長のピークを迎えていた。「サニー」や「カローラ」で始まったマイカーブームは若者たちにも広がり、トヨタの「セリカ」や日産「スカイライン」、ロータリーエンジンを積む東洋工業（現・マツダ）の「サバンナ」、70年に三菱重工から独立した三菱自動車の「ギャラン」などのスポーティーなモデルが続々と登場して話題を呼んだ。

技術的にも世界に肩を並べつつあり、70年に登場した「セリカ」は世界的にも珍しい量産ＤＯＨＣエンジンを搭載。72年に出たホンダの「シビック」は翌年、世界で初めてマスキー法と呼ばれるアメリカの厳しい排ガス規制をクリアするＣＶＣＣエンジンを搭載して、日本車の評価を世界的に高めた。

大きな決断で飛躍を呼び込んだオイルショック

自動車が売れればオイルも売れる。個人商店から始めた私たちのビジネスも間もなく軌道に乗り、１９７３（昭和48）年４月に法人化を果たした。資本金３００万円で株式会社旭東商会を設立。今日のキョクトーグループのスタートである。その時点で、売り上げはすでに年商1億円を超えており、10人ほどの社員を抱えるまでになっていた。人手不足の時代に、さまざまなツテを頼って入社してもらったメンバーである。

そして当社の節目となったこの年には、日本にも当社にも、大きな事件が訪れた。

当社にとっての事件は、悪い話ではなかった。当時、日産の純正オイルを仕入れていた日産プリンス鉱油部の早崎岩雄係長からある日、相談があり、「社内監査で取引先についてのクレームがあり、後始末を引き受けてくれないか」というのだ。ちなみに早崎係長は、のちにキョクトーの社員になる人物である。

話を聞いてみると、相手はカー用品小売業の富士商会という。富士商会には関連会社としてカー用品卸業大手の大豊産業があり、全国のガソリンスタンドやカー用品店などの小売店と取引があった。一方で、小売業では大規模なアメリカのカー用品店を参考に流通革命を掲げ、当時はスーパーマーケットのイズミヤの店内に、10店舗以上出店していた。

当社では日産との仲裁に入るべく担当者を富士商会に出向かせ、先方の担当の藤森滋夫氏と話すうちに、とんとん拍子に話が進み、同年9月から取引が始まることになった。その富士商会こそ、現在のオートバックスである。藤森氏は、のちに運営会社である株式会社オートバックスセブンの常務になられた。

取引を始めてみると富士商会の営業力は大したもので、軽自動車用の2サイクルオイルと日産、トヨタの売れ筋商品が配達に苦労するほど売れた。その後、街道沿いに独立した店舗を構えたオートバックスは出店に次ぐ出店で日本一のカー用品専門店へと成長していく。その過程で富士商会と大豊産業は合併するのだが、窓口となった大豊産業出身の中村正信商品部長（98ページ参照）ともウマが合い、本音のお付き合いができた。その信頼関係が、今日に至るまでともに歩み、当社にとって大きな柱へと育った、オートバックスとの長い取引関係の礎となったのである。

もっとも、富士商会との取引には、当初別名義の会社を通した。それというのもアメリカの大規模カー用品店を参考に、当初スーパーマーケットへの出店から始まった同社は価格の安さを売り物にしており、メーカー純正オイルもディーラーやガソリンスタンドより安く売っていた。すると安売り競争によって価格下落に歯止めが利かなくなることを恐れた自動車メーカーは「あそこに商品を入れているのはどこだ」と探して、供給を止めようとしたのだ。

現在ではそうしたことは独占禁止法で許されないが、当時はメーカーが価格を統制しようとすることはよくあった。キョクトーはすでにメーカー純正オイルの有力販社となっていたが、メーカーの担当者から「富士商会に商品を入れているところを知らないか」と聞かれると「さあ、どこでしょう」と素知らぬ顔をしながら、じつは別名義の会社を経由して、当社から卸していたのだ。

一方、富士商会との取引が始まった翌月、すなわち73年10月に、世界的な大事件が勃発した。イスラエルとアラブ諸国の間で、第四次中東戦争が始まったのだ。アラブの産油国は原油の減産と値上げを決定。その影響は日本にも早々に訪れた。第一次オイルショックの襲来である。

戦後、一貫して成長を続けてきた日本経済が、初めてマイナス成長に転じるきっかけとなったオイルショックは、トイレットペーパーの買い占めなどの出来事がニュース映像などではおなじみだが、その影響はあらゆるところに及んだ。
しかし、当社は日本の経済に大打撃を与えるその事件を、奇跡的に成長のチャンスにすることができたのだ。

予兆となる大きな変化を本能的に察知

73年11月、東京のある得意先から、純正オイルの発注が急に大量に舞い込んだ。通常なら受注のために苦労するなかで、本能的に「何かある」と胸騒ぎを感じさせるほどの異変だった。そこで自身の勘を信じて大阪の石油元売りの倉庫を始め、取引のあった日産、ダイハツ、スズキ、スバル、マツダの各ディーラーの在庫を聞き出すと、その全量を発注した。大阪管内にあるすべての純正オイルの在庫を、キョクトーが独占したのだ。

一瞬で当時の当社の年間取扱量を超える発注をかけるという大博打は、現在なら問題になるだろう。しかし、読みは当たった。翌日から大阪にもオイルショックが押し寄せ、大量の注文が怒涛のように舞い込んだのだ。倉庫の不良在庫や空きドラム缶まですべて販売するという異常事態である。

オートバックス（富士商会）からも通常の取扱量の4倍もの注文があり、他の得意先からも大量の注文が続いた。しかし、大阪中の全在庫を押さえていた当社は、まるで奇跡のようにすべての納入に成功。オートバックスに対しても、納入業者としての絶対的な信用を確立することができたのである。

日本にとってはオイルショックは景気の曲がり角となるネガティブな事件だったが、当社にとっては社業をさらに発展させる、大きなきっかけとなる事件だった。

そんな離れ業を成功させることができたのは、**日々の業務で当たり前のことを当たり前にやっているなかで、オイルショックの予兆となる大きな変化を本能的に察知し、直観的に行動することができたからだ。**大量の在庫を確保するということは、当然大きな資金を必要とすることであり、万が一失敗すれば資金ショートのリスクはあった。しかし、その時、私は銀行からの借入可能枠を瞬時に計算し、最悪の場合でも、請求書が来てから返品すれば（もちろん実際にやれば商道徳としての問題はあるが）、リスクをヘッジできると判断して勝負に出たのだった。

それ以前から**当社では会社の方針として現金払いを原則としており、手形の発行がなかったために銀行からの信用があった**。ビジネスを拡大していくうえで、手元に現金がなくても仕入ができる手形は便利である一方で、麻薬的なところがある。うまくいけばいいが、失敗すれば債権がどんどん膨らんで破綻に至るリスクを秘めているのだ。

現在もそうだが、**私は常に最悪の事態を想定しながら、無理をせず、しかし着実に信用を積み重ねてきた**。手形に頼らず、最悪の場合は銀行から借りられるだけの信用を築いていたからこそ、千載一遇のチャンスに思い切った行動ができたのである。

コンピュータシステムの導入にも踏み切る

オイルショックをきっかけに業容の拡大を果たした当社は、それに応じた変化を遂げていく。1975（昭和50）年ごろには、事業拡大によって膨大な売上伝票や請求書を発行するようになり、手書きでは計算違いの恐れも出てきた。

大手の取引先では一部、コンピュータも導入され始め、専用伝票の要望も出てきた。そこで、当時の電電公社（現NTT）が提供していた、88サービスというコンピュータサービスの導入を決意した。

これは朝8時から夜8時までのサービスで、前日の夜8時以降に翌日出荷分のデータを紙テープ（磁気テープではなく、細長い紙テープにタイプライターのような機械で穴をあけて2進法などのデータを記録する、初期のコンピュータ入力システム）で入力すれば、翌日朝8時から当日出荷分の売上伝票が、そして月末には請求書が発行されるという仕組みだった。

当時は現在のような汎用のプログラムはなく、企業単位の別注プログラムを作る必要があった。コンピュータのことは何も分からない素人の私が、電電公社の担当者に教わりながら何カ月も悪戦苦闘しながら自分でプログラムを作り、稼働にこぎつけたのだ。

同業者では初めての導入となったそのシステムのおかげで、**受注が集中して伝票発行が大変になる5月の連休や8月の盆休みの業務も効率的に処理できるようにな**

り、なによりも対外的な会社のイメージアップにも貢献したのだった。

その効果を鑑みて、１９８０（昭和55）年には、第一次コンピュータシステムの導入にも踏み切った。いまでこそ自前のコンピュータシステムを導入する会社は珍しくはないが、当時としては画期的な早さだった。現在と比べるとハード、ソフトともに恐ろしく高価だったが、当時は業績、収益ともに拡大し、年２回の賞与に加えて、高額の決算賞与も支給していた。業績好調のおかげで、高価な投資も苦にならなかったのだ。以後、折々に更新したコンピュータシステムは、業務の効率化を始めとする期待通りの効果を発揮してくれる、なくてはならないツールとなった。

そのほかにも、各地に点在する拠点とタイムラグなく意思の疎通ができるＴＶ会議システムなど、当社は業務を効率化できるツールは遅滞なく導入して現在に至っている。一人一台のパーソナルコンピュータの導入も、早いほうだったと思う。

私自身も、両手の人差し指のみを使う拙《つたな》い打法ながら、キーボードを使いこなして日々の業務をしている。会社を率いる立場として、社員が使っているものを「自分は分かりません」と距離を置くわけにはいかない。年を取ると新しいことを始めるのがおっくうになるし、電子機器の使いこなしは若い人にかなわないが、それでも、触れているうちに楽しくなってくるものだ。

取引先は慎重に見極め、債権管理に徹する

オイルショックを引き金とした不景気では、当社が業績を伸ばした一方で、他社では連鎖倒産も多発しており、回収不能の不良債権などの苦労も背負った。もともと当社では、慎重を期して新規の取引開始には信用調査で企業信用力を把握、大口先には連帯保証人も併記した契約を行ったが、それでも弁護士に依頼しての訴訟が必要になるケースもあったのだ。

具体的には、当時は初めての取引契約にあたっては会社間の契約書のほかに、自己所有の不動産を持つ人物ひとりあたり500万円の与信枠の設定で連帯保証人を立てていただいた。さらに保証人の多い多額の取引先は、5人の個人保証をいただいた。それだけのことをしても、実際に取引先が倒産した際には債権者会議、債権

確保の訴訟等々の煩雑な手続きがあるし、契約通りに債権を確保すれば業界では取り立ての厳しい会社と見られ、新規取引の開始時に、噂を聞いた相手から嫌味を言われることもあった。

当時、営業担当者に日頃から言い聞かせていた債権に対する考え方がある。たとえば90日の手形取引で月末締めで翌月末支払いであれば、合計で5カ月先でなければ回収できない債権ということだ。月に1000万円の売り上げで10％の粗利とすると、毎月取引を重ねれば、1000万円×5カ月で5000万円の債権に対して、ようやく最初の月の粗利が100万円。つまり儲けの50倍のリスクを背負うことになる。

この計算でいくと、万が一50軒に1軒の取引先が倒産すれば、すべてが無駄になるわけだ。これが現金決済であれば、同じ月末締めの翌月末支払いでも、1000万円×2カ月＝2000万円の債権で、リスクは粗利の20倍となるのである。

そう考えれば、何と言われようと取引相手の信用の見極めはおろそかにはできない。新規の取引先を見つけてきた営業担当者には、相手の店舗が自社物件かどうかを知るために、「立派なお店ですね。ずいぶん高くついたでしょうね」と聞いて、相手が「うん、○○円ぐらいかかったよ」と答えるか、「賃貸だから」と答えるかで判断しろと教えた。「年始の挨拶を送らせていただきたいので」と社長の自宅の住所を聞き出して、謄本を取って自己所有かどうか調べろと命じたこともある。**念には念を入れて、取引の相手を選んでいたのだ。**

しかし、それもあまりやりすぎるとギスギスする。こちらだって、せっかく一緒にビジネスをしようという相手を、あまり疑ってかかるのも気持ちのいいことではない。

なんとかいい方法はないものかと模索するうちに、見つけたのがメガバンク系のファクタリング（債権者・債務者との契約による債権の譲渡や回収代行）会社だった。これなら取引相手が万一倒産したとしても、ファクタリング会社にリスクを転嫁することができる。以後、**すべての大口先で必要と思われる際にはファクタリング契約を行うことで、債権管理を効率的かつ安全にできる体制となった。**商談相手の資産状況を根掘り葉掘り聞きだすような、品のないことをする必要からようやく解放されたのである。

海外ナショナルブランドオイルを手掛けたい

オイルショックは日本経済を失速させる大きな事件だったが、それも数年で底を打つと日本は勢いを取り戻していった。むしろオイルショックによって燃費のいい小型車が見直された北米市場では、日本車の販売が増加。70年代に排ガス規制をクリアするための研究から、クリーンかつ高性能なクルマを作れるようにもなった日本は、当時の西ドイツやアメリカをも抜き去り、1980（昭和55）年には世界一の自動車生産国へと駆け上っていく。

1978（昭和53）年にはロータリーエンジン専用スポーツカーのマツダサバンナRX-7が誕生し、翌年には日産から日本車初のターボ車がセドリック／グロリアを皮切りに登場するなど、続々と魅力的な新型車が登場する日本国内の自動車マーケットも、まさに黄金時代を迎えたのだ。

高性能で魅力的なクルマがどんどん売れる環境は、当社には追い風である。資本金300万円で設立した株式会社旭東商会も、1980（昭和55）年に1000万円、翌年には3000万円に矢継ぎ早に増資して、ビジネスを拡大していくことになる。

ただし、日本国内の自動車販売台数が順調に伸び、マイカー時代が完全に定着した結果として、キョクトーの主戦場であるオイル市場には新たな変化が訪れていた。**量販カーショップを中心に、純正オイルが集客のために頻繁に安売りされるようになり**、70年代後半になると、当社も小売店も収益が一時的に悪化したのだ。純正オイルの安売りは実際にチラシなどによる集客効果はあったが、原価販売に近い売値では利益が出ず、行き過ぎればメーカーの出荷規制にもつながる。

そうしたことから、**創業以来の当社の主力商品であり続けた純正オイルに代わる、看板になるオイルの必要性を感じ始めていた**。

BP（ブリティッシュ・ペトローリアル）のオイルと出合ったのは、まさにそんな時期である。先に述べたオートバックスの前身となる富士商会を訪れたとき（76ページ参照）、藤森氏が「最近オイル屋さんが持ってきた」と見せてくれたのがBPのオイルのチラシだった。スーパーマーケットのインショップから始まったオートバックスは、１９７４（昭和49）年に現在のような独立した店舗の１号店を出店以来、快進撃を続けてカー用品の一大チェーン店となり、社名も78年に現在のオートバックスセブンとするのだが、当時の社名はまだ富士商会だった。

オイルショックの時に圧倒的な信頼を獲得して以来、富士商会へはキョクトーが独占的にオイルを納めていた。ところが、突然ライバルが現れ、当社が持っていない魅力的な商材である輸入オイルを売り込みに来ている。このままでは大変なことになる、と直感した私は、「**この商品は我々が納入しますから、時間をください**」と言ってしまった。

細いご縁を手繰り寄せる

ＢＰは英国の歴史あるブランドで、当時は世界の石油の生産をほぼ独占していた大手７社の一角を占める、いわゆる石油メジャーである。だが、「我が社が納入する」

と大見得を切った瞬間には、実はそんなことも知らなかった。

改めて藤森氏にいただいたチラシを見ると、取り扱っているのは東京の八重洲にあるオレックス潤滑油という会社だ。私はすぐに連絡を取り、東京へ飛んでいった。決算書を渡して会社案内と事業説明を行い、代理店希望を伝えたところ、担当役員の寺田晋太郎常務と面談させていただけた。

後日寺田常務が来阪して、1977（昭和52）年の1月に新社屋の竣工を控えながら、まだ自宅の一角だった当社の事務所に足を運ばれると、「じつは大阪で先に代理店を希望している会社があり悩んでいる」という。そこで「はい、そうですか」と引き下がるわけにはいかなかった。

その会社を訪問後、大阪に泊まるという寺田常務のホテルに押しかけて、夜遅くまで説得とお願いである。結果、ようやく「大阪ではキョクトーさんとやりましょう」と言っていただくことができ、念願のＢＰオイルの西日本総代理店になることができたのだった。実際に取引が始まったのは新社屋の完成から間もない、77年3月のことである。

東京で一度お会いしていたとはいえ、大阪での夜はまだお互いに初対面に近い状態での商談、というよりお願いだった。最初の訪問時に決算書を持参し、それまでの実績と健全な財務状況をアピールしたし、会社案内もお渡しして当社の概略は把握していただけていたはずだ。

しかし、最後の決め手は「本当に信頼できる相手か、本気で我が社の商品を販売するつもりがあるのか」を見極めようとする先方に、**こちらがどこまで誠心誠意説明を尽くせるか**である。このときは真剣に熱心に接し、具体的にどのように展開するかを詳しく説明した。そもそもオートバックスの藤森氏も、最初から「どうせなら実績のあるキョクトーに扱ってほしい」と思ってチラシを見せてくれたのだろう。ここでも、**ごまかしのない信用と実績の積み重ねが成否を分けたのだと思う**。

競争相手だったオイルの卸業者への販売も拡大

それまで扱ってきた純正オイルと海外のナショナルブランドオイルでは、**同じオ**

イルでも売り方はまったく変わってくる。自動車メーカーのマークの入った純正オイルは何の商品説明も必要なく、置いておけば安定して売れる一方で、販売競争も激しいから価格決定権を握りにくい。いわゆる「コモディティ（汎用）商品」である。

一方、ＢＰを始めとするナショナルブランドのオイルは当時日本での知名度はまだ低かったが、定評ある世界的メジャーブランド製の輸入品であるとしっかり説明すれば、誰もが興味を示してくれた。当時は性能的にも輸入オイルは純正オイルより優れており、顧客や小売店に納得してもらえれば、価格は言い値を通せた。すなわち「プレミアム（高付加価値）商品」である。収益性で言うと、輸入オイルは純正オイルの３倍ほども良かった。

他社では扱いのないＢＰオイルという金看板を手に入れたことで、これまでは競争相手だったオイルの卸業者への販売も拡大し、キョクトーはさらなる飛躍期を迎えたのだ。

成長戦略に水をさした、思わぬ横やり

ただし、それだけインパクトのある商品だけに、いろいろな方向からの風当たりもあった。1978(昭和53)年のある日突然、オレックス潤滑油が解散してBPオイルの販売を取りやめると通知してきたのも、そのひとつだ。

もともとオレックス潤滑油は、大手タイヤメーカーの関連会社と本国のBP本社が共同出資して設立した会社だった。まだ量販店も少なかった当時はカー用品の販売ではガソリンスタンドが強く、タイヤもガソリンスタンドが売ってやっているという態度だった。そうした力関係の下で、タイヤメーカーの関連会社がBPという輸入ブランドオイルを売り始めたことから、もともと自社ブランドのオイルを扱っていたガソリンスタンド業界から強い圧力がかかったという。

しかし、それなりの規模のビジネスになっていたBPオイルの販売がいきなり終わるのは、当社にとってはもちろんだが、英国の本国にとっても一大事だったのだ

ろう。二転三転の後に、件《くだん》の寺田常務（89ページ参照）が個人で再出発する形でペトロルブという取扱会社を設立してＢＰオイルの日本での販売を継続することが決まり、ようやくこれまで通りの商いが続けられることになった。以後、のちにゴトコ・ジャパンにお迎えすることになる長谷川晃氏（１００ページ参照）と緊密に連携しながら、ＢＰを拡販していくことができた。

ガソリンスタンド業界が圧力をかけてくるほど神経質になったのも、それだけナショナルブランドのオイルが市場に与えたインパクトが大きかった証拠だろう。社会に大きな影響を与える商品やサービスに、こうした逆風が吹くことは珍しくない。それを思い知った私は、**以後も常に一本柱に頼るのではなく、複数のブランドや事業にリスクを分散させる経営を重視する**ことになった。

またもやピンチがチャンスに変わる

せっかくの大きなビジネスを失いそうになった経験から、ＢＰ以外にも柱になるナショナルブランドのオイルが欲しいということで、1979（昭和54）年に西日本総代理店となったのがカストロールだ。カストロールも英国のオイルブランドだが、モータースポーツにおける活躍などで日本市場での知名度はすでに高く、中央自工、東京商会といった大口の代理店もすでに存在していた。

おかげで**乱売合戦になってしまっていたのが問題**で、せっかくの高い知名度にもかかわらず粗利率が低く、新規に販売先を開拓しても、すぐにライバルがさらに安い見積もりをぶつけてくるため、利益につながらないという状況だった。**そこでメーカーとも話し合い、既存販売ルートの侵害はお互いにやめるという業界ルールをつくって乱売に終止符を打った**。

そうして、すでにBPオイルを納めていたオートバックスの棚にいよいよカストロールオイルを納入してみると、予想以上に反応が良かった。戦後の貧しい時代はすでに遠ざかり、すっかり自信を取り戻した日本人がより良いものを求める時代の空気のなか、マイカーユーザーも純正オイルと比べると高価でも、世界的なレースやラリーで高性能が実証された輸入オイルを歓迎したのだ。おかげで、一気に輸入オイルが販売に占める構成比は伸びた。

当社ではその後も、アジップ（伊）、ダッカムス（英国）、ペンゾイル（米国）、クエーカーステート（米国）と**輸入オイルの取り扱いを増やし、業界最強の輸入オイル取扱会社へと成長した。純正オイル以上の販売数量となった輸入オイルは粗利率も高く、会社全体の粗利率の向上にも貢献。**キョクトーは業容と収益を大きく拡大することができたのだった。


1985（昭和60）年に取り扱いを開始したアジップオイルは、貿易商社の昭和貿易の常務、部長と話しているときに、「イタリアにアジップというオイルがある。まだ日本には正式に代理店はないが、どうする？」と打診されたのがきっかけだった。ちょうどBP、カストロールの次に位置するオイルが必要と考えていたときだったので、「興味がある」と即答し、先方へのアポ取りを依頼した。

その後、昭和貿易の部長と営業担当と私の3人でイタリアのエニーグループ（日本でいえば三菱グループのような企業集団）のアジップ部門に出かけて商談を重ね、輸入代理店は昭和貿易、発売元はキョクトーという条件で契約にこぎつけた。実際には、国内発売元としてワイドルトレーディングカンパニーを設立。代表者には、オートバックスとの取引開始のきっかけとなった、元プリンス大阪出身の早崎岩男氏を据えてスタートした。キョクトーと日本オイルサービス（105ページ参照）はワイドルの代理店の位置づけだった。

キョクトーがすでにBPやカストロールの大手取扱代理店となっていた当時、その名で新しいブランドの取り扱いを大々的に始めることは、従来の取引先から乗換えを考えているのではないかと警戒される恐れがあった。そこで、間《あいだ》に専門の発売元となるワイドルを入れ、キョクトーがあくまでもそこから仕入れるという形をとったのである。

一方、ペンゾイルオイルは、名古屋にある日本石油系列の大森商事が国内総代理店として東京・神田にペンゾイルジャパンを設立していた。そこを私が直接訪問して交渉のうえ、代理店として契約。後にロサンゼルスにあるペンゾイル本社も訪問して幹部らとの親交を深めた。

当時は品揃えをどんどん増やしていこうという方針で、アジップやペンゾイルのように日本市場に興味を示す新しいナショナルブランドに対しては、いち早くアプローチしていった。前記のほかにも、バルボリン、スノコ、カルテックス（いずれも米国）、トタル、エルフ（ともにフランス）など、世界のブランドを日本の市場に広める功績を果たしたと自負している。

いずれの商談でも、最初のＢＰの際と同様に、とことん誠意を持って真剣勝負である。とはいえ、そのころには**ＢＰやカストロールで積み重ねてきた実績は何よりも大きな武器となっており**、多くのブランドがキョクトーとの取引を歓迎してくれたのである。

インタビュー②

私から見た藤田会長像

仕入先・取引先を大切にする方です。

株式会社キョクトー 顧問 **中村正信** 氏

心強いビジネスパートナーという印象

私はオートバックスの商品部長として、長年キョクトーとの取引の窓口を務めさせていただきました。当初はスーパーマーケットの一角に出店するインショップとして始まったオートバックスが流通革命を謳《うた》い、今日のように全国規模のカー用品専門店へと成長する過程では、商品を安定的に供給してくれるキョクトーの存在はなくてはならないものでした。

もともとオートバックスは、創始者がアメリカで見た大規模なカー用品チェーン店を参考に始めた事業です。日本が豊かになり、モータリゼーションが到来すれば、きっとアメリカのように自分でオイルを交換したり、クルマいじりをDIYで楽しむ人が増えると見込んで興したのです。

実際に、マイカーが急速に普及した1970年代からは、多くのお客様がオートバックスでオイルや部品を購入し自分で交換したり、ピット（工場）で交換を依頼して、愛車のメンテナンスやカスタマイズを楽しむようになりました。

とくにオイルショック後は、ケース単位でオイルを購入していかれるお客様も多く、なかでもメーカー純正オイルが飛ぶように売れたのです。その仕入先がキョクトーでした。藤田会長は黎明期からオートバックスに優先的に商品を回してくださり、**私も当時は部下に「困ったときはキョクトーさんに頼れ」と指示していました。**

オートバックスもキョクトーと同じ大阪が発祥の企業ですが、全国展開を進める過程で、軸足が東京に移ります。そのときにも藤田会長に「東京に拠点を置いてくれませんか」とお願いしたし、北海道に物流倉庫を開設してもいただきました。オートバックスはキョクトーをなにかと頼りにし、手を取り合って成長してきたのです。

勉強熱心で調査は手を抜かない

藤田会長は何事にも研究熱心で、ゴルフひとつをとってもビデオなどで研究してたちまち上達してしまう。仕事においてもきめ細かく、自分も勉強するが社員にもしっかり勉強させて、市場や周辺の状況をものすごく細かく分析するんです。

一方で、契約営業マンを集めた特販部のようなシステムを上手につくったり（111ページ参照）、売上高より利益を重視するなど、視点がユニークですね。

取引相手を見る洞察力も凄い一方で、新しい物事への取り組み方はものすごく慎重です。

持ち込まれた新事業の話に乗るかどうかを判断するために、私は香港まで連れていかれたこともあります。先入観のない第三者の私にいきなり案件を見せて、「あれ、どうや」と意見を聞き、判断の参考にするのです。半世紀の間には倒産する同業者も多かったなかでキョクトーが生き残ったのも、会長のそうした姿勢が大きいと思います。

仕事仲間には温かい

仕入先や取引先をとても大事にするのも素晴らしいですね。私がオートバックス勤務時代に身体を壊したときも親身になってくださり、退社後はキョクトーに顧問として迎えてくださいました。

当然人望は厚く、ビジネスのうえではキョクトーとの関係を一時断ったカストロールからも、じつは藤田会長は一目置かれていたのです。

インタビュー③
私から見た藤田会長像

陣頭指揮をとった販路開拓力に驚きました。

ゴトコ・ジャパン株式会社 顧問 長谷川 晃 氏

日本市場向けにアレンジするようコンサル

英国の石油ブランドであるBPがオレックス潤滑油を設立して日本市場に上陸したのは、1975（昭和50）年のことでした。7メジャーと呼ばれた世界的石油会社としては最も遅い参入でしたが、当時は石油業法で新たな外資が日本で石油精製をすることは禁じられており、石油会社といっても入れられるのはオイルだけ。当時私は工業用潤滑油部門にいたのですが、自動車用オイルは街のチューニングショップなどの小規模な専門店の販路に限られていました。

それを量販店で販売できる商品に育ててくれたのがキョクトー。当時のBPのオイルは本国と同じ5リットルの容器で**日本の自動車メーカー純正オイルの4リットル缶とはサイズが異なり、量販店の棚には入りませんでした。**規格の表示もヨーロッパのCCMCと呼ばれるもので、日本市場で主流だったアメリカのAPI規格に慣れた日本人には分かりにくいものでした。

キョクトーはそうした点を日本市場向けにアレンジするようコンサルしたうえで、オートバックスなどの量販店に積極的に売り込んでくれたのです。

先陣を切って日本市場の新規開拓

そうしてBPのオイルが売れるようになるとガソリンスタンド業界から圧力がかかり、1978（昭和53）年にタイヤメーカーが出資していたオレックス潤滑油は解散し、改めてペトロルブが設立されました。

80年代になると日本にレースブームが来て、多くのレースのスポンサーをしていたＢＰの認知度が上がります。なかでもキョクトーの特販部には、中京地区の専門店でＢＰをものすごく売ってくださる方がいて、英国の本社からも「日本の市場はよく売れるじゃないか」と認識を新たにされたものでした。

量販店では当時純正オイルのシェアが高く、輸入オイルはそう大量に売れるものではありませんでしたが、指名買いしてもらえるプレミアム商品として、高い粗利が取れました。その後、為替の関係もあって並行輸入の安い商品が入るようになり、バルボリンやペンゾイルなどはそれらの安売りで正規品が壊滅状態に追い込まれたのですが、ＢＰやカストロールはキョクトーが開拓した市場に、日本市場専用商品を投入することでビジネスを続けることができたのです。

負けると不機嫌になるのには閉口しました

そうしたビジネスのパートナーとしての藤田公一会長は、この業界で一番尊敬できる人物でした。ハングリー精神が旺盛で現状に満足せず、常に次の一手を考えている。その分、新たなブランドに次々と手を広げられているときには、そちらに乗り換えられてしまうのではないかと心配になったものですが、会長は**「よそもやるけど、おたくも大事にするよ」**とおっしゃり、実際に誰よりも取引先を大事にしてくれたのです。

その言葉の延長でもある夜のお付き合いでも忌憚《きたん》のない意見が伺えましたが、カラオケのあるお店の点数で勝負して、負けると必ず不機嫌になるのには閉口しましたね（笑）。ゴルフのスコアでも、絶対に自分に有利な条件で握るんです。そうした武勇伝に事欠かないのも会長の魅力のうちかもしれません。

ご縁があってキョクトーグループに入社

私はその後、本国のＢＰとカストロールが合併したのを機に藤田会長に誘われて、ゴトコ・ジャパンで新たなブランディングに携わることになりました。ゴトコが扱うガルフブランドは、年配者には映画『栄光のル・マン』などで知名度がありますが、若い世代にはプレミアムブランドとしては訴求できません。

そうした状況では安定した販売先があるかどうかがビジネスの成否を分けます。その点、キョクトーグループはこれまでに培ったノウハウもあり、当初フォードジャパンに売り込んで純正オイルとして採用されました。次に以前から面識のあった整商連（日本自動車整備商工組合連合会）からのアプローチで取引が始まり、全国の整備工場向けのメンテナンス商材として安定した販路を確保することができました。

本国に負けない品質を実現

コロナ禍もあっていまは小売りは大変ですが、公共交通機関の感染リスクへの懸念からマイカー移動が見直されており、メンテナンス需要はむしろ活況化も予想されています。オイル交換は車検が大きな機会ですから、**整備工場への販路を持つキョクトーグループの強みはこれからも生きることでしょう。**

現在ゴトコ・ジャパンが供給するガルフブランドのオイルは、ＢＰやカストロールの製品と同様に日本国内で原材料を調達して国内で生産しており、日本の高い品質管理で、性能が安定した製品が、タイムリーに供給できる体制になっています。

たとえば低燃費指向の０Ｗ-20といった柔らかいオイルを最初に使い始めたのは日本車ですが、それをゴトコ・ジャパンではいち早くガルフブランドで市場に供給でき、海外への輸出もできるのです。技術の進化に合わせて製品のスピーディーな進化も可能で、ＡＰＩの最新規格であるＳＰグレードのオイルも発売準備中です。ダウンサイジングターボエンジン向けのオイルも開発を進めています。

それも時宜に合わせて変化を続け、近年ではメーカーを志向して成長してきたキョクトーグループだからこそ、可能なことだと思います。

第4章

業務の多角化で乗り切る

第2・3の難局

●目指すは日本中のお客様
1985～

主な国産新型車

トヨタＭＲ２、ソアラ、セルシオ
日産シーマ、ユーノスロードスター
レガシィ、エスティマ、ワゴンＲ　など

１９８０年代の日本は、まさに世界の頂点を目指す時代だった。自動車産業は隆盛を極め、主な輸出先となった米国では貿易摩擦を引き起こす一方で、その解決策として現地生産の開始やより付加価値の高いモデル・ブランドの創出など、ハード、ソフトの両面で実力を発揮した。１９７９（昭和54）年にアメリカの社会学者が著したベストセラー『ジャパン・アズ・ナンバーワン』の書名通り、日本的経営や日本人の勤勉さ、地道に積み重ねてきた科学技術力などが、ものの見事に花開いたのだった。

経済面では、１９８５（昭和60）年９月の先進五カ国（Ｇ５）蔵相・中央銀行総裁会議においてドル安容認の、いわゆるプラザ合意がなされ、それをきっかけに進んだ円高の対策として打ち出された金融緩和が景気を刺激して、いわゆるバブル景気へと突入していく。

バブル景気を横目に見ながらマイペースを維持

キョクトーグループが全国に商圏を広げる足掛かりとなる東日本地域の拠点とし

て、日本オイルサービス株式会社を東京・多摩の小金井市に設立したのも1985（昭和60）年1月のことだ。

大阪で創業したキョクトーは西日本を足場に大きく成長したが、大口の得意先であるオートバックスからも関東に拠点を置いてくれと言われるようになり、関東、すなわち東京への進出を本格的に考えるようになった。しかし、当時は関西の企業は関東では色眼鏡で見られがちで、商売がしにくい風潮があった。そこで、関東で本格的に活動するには東京に別会社として拠点を設けたほうがいいと判断して、日本オイルサービスを設立したのである。都心ではなく多摩に本社を置いたのは、物流の拠点とするためには広い倉庫が必要であり、都心より郊外の多摩地区のほうが効率がいいという理由だ。

また純正オイルについては、当時は大阪で仕入れた商品を他府県に販売することには制約があった（現在では問題はない）。その意味でも、**地産地消ではないが、関東で販売する商品を仕入れる独立した拠点が東京にあったほうがいい。大消費地である東京への別法人の設立は、いわば必然だったのだ。**

好景気に沸く当時は、当社の業績もぐんぐん伸長し、85年4月にはキョクトー本社を拡張し、約2320㎡の広さを持つトラックターミナルも完成している。北海道にキョクトーの営業所を開設したのはその翌年、86年11月のことだ。翌87年には日本オイルサービスの本社・倉庫を、最初に本社を置いた東京都小金井市より広い敷地が確保できる同昭島市へと移転。以後も事業規模の伸長に合わせて、倉庫や物流センターの拡張は続いている。

85年のプラザ合意をきっかけとした円高不況対策として打ち出された大規模な金融緩和によって、80年代後半の日本にはいわゆるバブル景気が到来しようとしていた。ニューヨークやパリの高級ブランド店に日本人女性が列をなし、当社の主力商品となった海外ブランドのオイルがクルマ好きの人気をますます集める程度なら喜ばしい好景気のエピソードだったが、フェラーリなどのスーパーカーや高級車が美術品のように投機の対象となり、日産のBe-1のように限定車の希少性から中古車市場で新車価格以上のプレミアム相場で売買される小型車まで出現するのは、なんとも異様な光景だった。

当時、業績拡大を背景に東京進出を果たした企業のなかには、バブル景気の余勢をかって事業多角化を謳い、不動産業などの本業以外のビジネスに乗り出すところも少なくなかった。しかし、そのころの当社にはまだ人材が十分に育っていないこともあり、グループのすべての業務を私が取り仕切っていたため、現実問題として異業種参入の余裕はなかった。

いまにして振り返れば、それは幸いなことだったというべきだろう。投機的な、もっと言えば博打のような新事業に次々と手を出した挙句に、バブルの崩壊で大きな痛手を被った企業が、いかに多かったことか。今日では純正、輸入オイルの代理店時代と比べればずいぶん多角化が進んでいるとはいえ、当社のビジネスの柱はずっと自動車、それも街の普通のユーザーが必要とする、「喜ぶ商材」を提供することで今日に至っている。**その堅実さこそ、当社が成長し続けることができた決め手といえなくもない**。

現在も、当社には新しいビジネスのスポンサーにならないかといった話はよく持ち込まれるし、可能性のある新事業ならこちらも検討したいところだが、持ち込まれた話でモノになったものは残念ながら、ない。いくつかの話は具体的に進めたこともあるが、時期尚早だったり技術的に未熟だったり、あるいは相手が信用できなかったりで、本格的に事業化に至る前に終わった。

M&Aでやるにしても新規で立ち上げるにしても、畑違いのビジネスに手を出すのは、なかなか難しいものだ。その点、自動車の分野であれば未経験のジャンルでもある程度先が読める。**今後、もしも畑違いのジャンルに進出することがあるとすれば、よほどその業界に精通した人材がいて、安心して任せられる場合ぐらいだろう。**

高いモノ、希少価値のあるモノから飛ぶように売れるバブル景気のご時世は、BPとカストロールを柱とした当社の輸入ブランドオイルビジネスにとっても追い風だった。オートバックスと並ぶカー用品量販店の雄であるイエローハットとの取引も、日本オイルサービスを窓口に1988（昭和63）年に開始している。

大阪のキョクトーと東京の日本オイルサービスに加えて、四国地区を担当する恵和商会（のちにキョクトーに統合）や札幌営業所も86年に開設し、全国をネットワークする体制を整えた当社のカストロールオイルの取扱高は年々伸び、代理店となってから10年ほどの80年代末には同ブランドの日本全国の販売量1万キロリットルのうち、キョクトー／日本オイルサービスが7000キロリットルを占めるまでになっていた。

急成長ぶりがかえって難局を招く

ところが、その勢いがアダとなる。英国本国のカストロール本社から、日本市場におけるキョクトーグループの扱い高が突出して異常な販売状態になっていると指摘してきたうえで、当社が手掛ける他の輸入オイルの取り扱いを中止せよとの圧力が再三かかったのだ。

カストロールオイルは当社にとって大きな商材だったが、かといってこれまで苦労して開拓してきた他のブランドもまた、大切なお得意様である。なんとか双方が納得できる打開策を探って何度か話し合いをしたものの、最後には決裂してしまった。

その時の私の気持ちとしては、供給元の強みをかさに着て言うことを聞けと迫るカストロールの態度から、ここで言うことを聞いてもこき使われた末に先々使い捨てられることが目に見えていた。どうせどこかで勝負しなければならないのなら、いま決着をつけよう、という思いだった。

するとカストロールは新たに他社を代理店に立てたうえ、大口取引先であるオートバックスとは直売契約を結び、当社との代理店契約を解除したのだ。バブル景気のピークと言われ、日本国内の自動車販売台数が過去最高を記録した1990（平成2）年のことである。

契約解除時点で、カストロールオイルはキョクトーグループの粗利の約40%を占めるという大きな商材だった。それを失うことは、まさに存亡の危機である。しかし、なってしまった現実は覆らない。カストロールの代理店権喪失のカバーは当社の最初の飛躍のきっかけをつくってくれたBPオイルを柱に、アジップやトタルの協力も得て、それらの徹底拡販で乗り切ることを決意し、全営業マンを大阪市内の会議室に集め決起大会を開催した。

その際は、とくに特販部の猛者たちが先頭に立って声を張り上げて場を盛り上げてくれた。士気を大いに高めた、この大会を境にしてBPオイルを始めとするナショナルブランドの猛烈な拡販が始まり、驚異的な売り上げを達成してカストロールの穴を補填してくれたのである。このときの社内のムードは、本当に業績回復の起爆剤になったと思っている。

私の親衛隊ともいうべき「特販部」の誕生

現在も当社内に存在する特販部は、主に歩合制の契約営業マン集団という特異なセクションだ。その誕生のきっかけは取引先であった岡山の用品卸会社の倒産だった。そこを経営していた近藤英明元社長が、雇ってくれないかと当社を訪ねてこられたのである。

近藤氏の年齢は私よりずっと上。改めて平社員として採用するわけにもいかないし、体力的にも大丈夫かなと最初は危惧した。しかし、長年やり手の営業マンとして積み重ねてきた実績があり、業界にも顔が広い。そこで、とにかく営業をしてください、と歩合制で活動していただく契約を結んだ。1986（昭和61）年春のことである。

2年後の1988（昭和63）年秋には大阪市の大手の用品卸会社、やまべが倒産。同社で担当窓口として何かとお世話になっていた神谷三夫副社長が、同様に当社の門を叩かれ、契約営業マンの第二号となった。するとほどなくして、神谷氏が名古屋の大手ホームセンター、カーマとの取引をまとめてきてくれたのだ。

当時の当社には、大手のホームセンターの開拓ができるような営業マンは皆無というなかで、大口の新規契約というホームランをかっ飛ばしたのだ。それを見て私は、やはり業界に精通しているベテランは、年齢など関係なく大きな仕事ができるのだなあと、改めて認識することになった。

前職は社長です、役員ですと名乗ったところで、会社が潰れればただの人、という見方をする人は多いだろう。しかし、**何らかの理由で倒産という不運に見舞われたとしても、長らく営業してきた企業のトップクラスの人々は長い業界経験を持ち、各方面に人脈もあり、何よりも実戦で培った高い折衝能力を身につけている。**倒産によって負債を背負ったり、社会的な信用や資産は失ったとしても、そのビジネススキルそのものは疑う余地はない。そのような人物に会社の信用をつければ、まだ大きな力を発揮してくれることを神谷氏は証明してくれたのだ。

この出来事から、まだまだ若い当時の当社にとっては苦手な分野だった大手企業のキーマン営業も、ベテランの力を活用すれば十分に攻めていける可能性が見えた。そこで、さまざまな事情で勤め先を失った人や、「これは」と見込んだ人に声をかけて同様に歩合制営業マンとして契約。特販部としての体制を整えて、10人を超える要員を抱えたころに発生したのがカストロールとのトラブルだった。

そこで張り切った特販部の面々は**私の親衛隊を名乗り、前述の通り先頭を切って士気を高めたばかりか、持てる力をフルに発揮して、見事に大きな危機を救ってくれたのだ**。

現在も、特販部には折々に取引先などから実力のある営業マンを迎えている。発足当時からの特販部のメンバーのなかには、息子に代替わりして同様に活躍してくれている人もいるし、当社の社員営業マンから独立する形で特販部に移籍し、歩合制の待遇でありながら社員時代よりも稼いでいる猛者《もさ》もいる。図らずも今日の働き方改革で言われているような多様な働き方を実践する特販部は、いまも積極果敢に新規開拓や新商品の普及拡販に大いに活躍してくれているのだ。

「総代理店」というリスク

カストロールとの一件は、当社の経営の在り方に大きな一石を投じることになった。それまでは、創業当時の純正オイルから利益率の高い輸入オイルへと柱になる商材こそ変わったものの、**業態としてはずっと代理店である。それではいかに取扱高が増えようと、メーカーの思惑ひとつでその地位を失う可能性が常にあることをカストロールには思い知らされた。**オートバックスのような大手の得意先であっても、ナショナルブランドの代理店業務ではもはや主導権を握れないのだ。

その構造をもう一度整理しておくと、海外のナショナルブランドのメーカーが日本市場に進出する場合、最初から日本法人を設立して独自の販売網をまっさらな状態から構築するのには時間も資金も必要だ。そこで既存の業者の流通ルートに乗せるために、国内の各地の特約店とそれぞれに契約する場合と、丸投げで総代理店を設け、必要ノルマを課して拡販させる場合がある。総代理店は自身の流通ルートを持っている場合もあるし、さもなければやはり各地の特約店と契約して、メーカーから供給された商品を販売していく。

総代理店の下に位置する特約店の地位では、商品引き取りのリスクはないが、同じブランドで他社との競合があり、このような場合は収益面での安定性は低い。一方、国内総代理店になればノルマ分の商品引き取りリスクは発生するが、国内の流通は会社独自の方針で決定でき、軌道に乗れば収益面でも安定性が増す。

また、日本国内に法人を設立して直接進出してくるメーカーは、当初は特約店のルートに商品を流し、次のステップでは目ぼしい大口の顧客は直接取引に切り替えて、小口の得意先への流通は効率面から特約店を使うことが多い。お互い利用しあってスタートして、タイミングを見てメーカーの都合の良い形に切り替えるのが常套手段である。

他業界でも見かける「総代理店外し」の実例

当初は国内に直接進出せず、総代理店に形としては任せていたメーカーでも、経営環境などの事情が変われば総代理店を外して直接販売に切り替えるパターンもある。

メルセデス・ベンツやフォルクスワーゲンなどを取り扱っていた輸入車販売のヤナセや、バーバリーで有名なアパレルの三陽商会なども、形は違うが、総代理店契約を外されたパターンである（三陽商会のバーバリーは販売代理店契約ではなく、ライセンス生産販売契約）。長年の顧客との深い接点があるヤナセは、メーカー直営法人が日本国内に自前の販売網を整備したいまでもメルセデス・ベンツの代表的なディーラー（特約販売店）であり続けているが、当初持っていた輸入権はすべて返上している。フォルクスワーゲンに至っては、すっかり本国が設立した日本法人に市場を取られてしまい、ヤナセは販売からも撤退を余儀なくされた。

結果、ヤナセは生き残るために伊藤忠商事の傘下となり、看板だったバーバリーの取り扱いができなくなった三陽商会も、苦境が続いている。

海外のメーカーが総代理店を起用するのは、最初から日本市場に大々的に進出・展開するのは効率、リスクの面で難があるからだ。一方で総代理店はメーカーのブランドイメージや技術等を使って販売に徹すれば収益は上がるが、いつまでもこの状態は続かない。当初はメーカーと総代理店の両方にメリットがあるウィン・ウィンの関係でも、ブランドが日本市場に定着し、直接市場をコントロールしたほうが有利と本国が判断すれば、いともたやすく総代理店契約を外される場合は多々あることを、実例が物語っているのだ。

独自商材となるプライベートブランドの開発に着手

そうして代理店ビジネスに行き詰まりを感じた私が次に目指したのが、独自商材となるPB（プライベートブランド）の開発。その具体的なアイデアを出してくれたのは、創業以来の戦友である桝竹専務だった。

カストロールに切られた損失を埋めるために量販店へのBPやトタル、アジップなどの友好的なブランドの営業を強化して、カストロール包囲網を構築。並行して、性能とコストを両立させたオリジナルのオイル商材開発を進めたのだ。

その背景には、自動車メーカーが量販店における純正オイルの安売りを阻止しようとする姿勢があった。バブル時代には高価な海外のナショナルブランドが飛ぶように売れる一方で、純正オイルは客寄せの目玉として量販店では安売りされることが多かった。それによる収益とブランドイメージの低下を嫌って、自動車メーカーは量販店への純正オイルの供給を抑えるようになったのだ。

薄利多売によってようやく利益を確保していた純正オイルの取扱量低下は、収益にも影響する。そこでキョクトー／日本オイルサービスでは、石油元売りブランドのオイルなども開発製造している国内の櫻製油に委託し、元売りなどのメジャーブランド品と同等品質でありながら、価格を抑えられるPBオイルを開発。量販店や整備工場に売り込んでいった。

メーカーに直接発注した、このオイルは中間マージンがないぶん純正オイルよりリーズナブルな価格ながら、純正オイルの代わりに安心して使える性能を備えており、その自信の表れとして当初「トヨタ適用オイル」「日産適用オイル」などと各メーカー名を缶に謳ったところ、メーカー団体から純正オイルと紛らわしいというクレームが来てしまった。弁護士を入れて文言を検討し、最後には「トヨタ車にもおすすめ」といった表現でＯＫが出て、オートバックスでもよく売れた。

カストロールに味わわされた痛い思いは、代理店から自社でブランドを開発する商社へという、いわば上流への業態転換を促した。そうしてビジネスの軸足を増やしていく過程では、企業組織の在り方を、改めて見直す必要があった。１９９２（平成４）年の株式会社旭東商会から株式会社キョクトーへの商号変更も、そうした変化を受けてのこと。**純正・輸入オイルの代理店というリスクをかかえた一本足打法から、変化に柔軟に対応できるマルチプレイヤーに変身する決意を、カタカナのキョクトーという社名で表現した**のである。

多くの有名オイルブランドが日本市場から撤退

そのようにして、キョクトーが生き残りをかけた変身に挑んでいたちょうどそのころ、80年代の躍進の原動力となったナショナルブランドオイルの市場にも、大きな変化の波が押し寄せていた。バブル崩壊による景気低迷とデフレ、その時流に合わせた量販店の商品戦略の転換だ。

バブル景気の崩壊後も、海外の有名ブランドオイルを求めるマニア層は健在だったが、その一方で多くの一般ユーザーは必ずしもメーカー純正オイルやレースで使われるような高性能なプレミアムオイルにこだわるのではなく、必要十分な性能を満たすオイルであればブランドを気にしないようになっていた。

1990年代になるとノーブランドの、いわゆる汎用オイルの性能や品質も向上しており、オートバックスなどのカー用品量販店の店頭では、ブランドロゴの入った缶入りの有名オイルやメーカー純正オイルだけでなく、ピット（工場）での交換を依頼すると量り売りなどで販売される、手ごろな価格のノーブランド（ストア・ブランド）のオイルも求められていたのだ。

量販店にとっても、プレミアム商品であるナショナルブランドのオイルは安売りをしたくとも、もともと小売りのマージンは必ずしも大きくはなく、デフレ不況下で消費者が低価格志向を強める状況では店の収益に結びつきにくくなった。対して小売価格は安くとも、仕入価格も抑えられるストア・ブランドのオイルは、量販も利くし収益性も非常に高かった。

誰もが狂ったように高性能車や高級車を求め、オイルにまで有名ブランドを求めた1980年代とは明らかに違った潮流が、90年代のオイル市場にはやってきていた。商品の名前で高値でも売れたナショナルブランドオイルに対して、オートバックスなどの量販店の信用を背景に、安値でも利益の出せるストア・ブランドオイルへの転換は急速に進んだ。

そうして、あれだけ権勢を誇ったナショナルブランドオイルの市場価値は、みるみる崩壊していった。それまでは強気のマーケティングを続けていた有名オイルメーカーや海外ナショナルブランド、その代理店がことごとく苦戦を強いられ、多くの有名オイルブランドが日本市場から撤退していったのである。

キョクトーも、ナショナルブランドオイルに寄りかかり、プライベートブランドなどの新しい商材に挑んでいなかったなら、同じ運命を辿《たど》っていたかもしれない。カストロールとの一件は、結果として正しい道へと背中を押してくれたのだった。

次に企画力を持った商社を目指す

自社のＰＢオイルの成功は、単なる営業代理店から企画力を持った商社へという当社の姿勢転換をさらに加速させることになった。ＰＢ商材は量販カー用品チェーンで広く販売されたが、それだけではこの先の安定が保証されたわけではない。

そこで次の成長戦略として、より上流の自動車メーカーのディーラーに売り込める独自商材の開発に挑んだ。

最初にアプローチしたのは日産自動車である。当時はちょうど日産がフランスのルノーと提携を行った時期だった。**当社では、フランスのエルフブランドのオイルをすでに取り扱っており、フランスつながりのご縁で、それを日産系のルノーディーラーに売り込むところから始めて日産のディーラーともパイプをつくり、さらに上流のメーカー本体へと攻めていくという作戦だ。**

そもそもこの話は日産に営業をかけていた日本オイルサービスの勝田悟課長が

「やっていいか」と持ってきた企画。彼を直属の担当としてプロジェクトを進めたが、その道のりは厳しいものだった。地道にディーラーマンとの人間関係をつくって先方のニーズをつかみ、まずは洗車の際にワックスの代わりにかける撥水ボディコート剤と、車検整備などの際にディーラーで施工する床下防錆剤の開発を進めた。防錆剤は液体状の製品を塗ると透明な膜となり、路面にまかれた凍結防止剤などによる錆の発生を防ぐケミカルで、我々のアイデアを勝田課長の知り合いの提携協力会社で製品化したものだ。

しかし、それらの採用にあたっては、日産本社は性能や信頼性などのあらゆるエビデンスデータの提出を求めてきた。命を乗せる最終製品にすべての責任を持つ大自動車メーカーとしては当然の姿勢だが、それはキョクトーグループがこれまでに手掛けてきた商談や取引では経験したことのないプロセスばかりだった。

投資はすれども形にはならないまま、5年ほども試行錯誤を繰り返すうちには、会社にとっての大きな負担ともなり、一時は役員からの反対や中止の意見も出た。しかし、将来を考えてやるべきと考えた私は、反対を押し切って勝田課長のやる気を全面的にバックアップし、ついに商品化に成功。日産の関連会社を通してボディコート剤を２００２（平成14）年に納入開始。床下防錆剤は２００３（平成15）年に、初めて納入することができたのだ。

その後２００８（平成20）年には、日産本体との直接取引が可能となるまでに実績を積み上げることができた。

日本を代表する自動車メーカーに認められる商材を開発したその経験は、**大手企業と取引するための貴重なノウハウとなり、その後の取引や商談にも大きく貢献した**。以後も日産とコミュニケーションを重ねながら数多くのピット商材を開発。現在ではケミカルだけでも約１００種類を擁して、日産に対する売り上げを大幅に伸ばすとともに、他の多くの自動車メーカーへも浸透していった。その納入元としては、キョクトーのほかにオベロン（１２６ページ参照）も使い分けている。

その後はオートバックス向けにもピット商材を開発納入して、従来の代理店営業での収益低下を補い、さらに業績を伸ばしていくことができた。オートバックス向けの製品群は２０１０（平成22）年に「ＰＩＴ-ＰＲＯ」という独自ブランドとして立ち上げ、いまではすっかり定着している。

その他の量販チェーンも独自商材を武器に攻勢。タイヤ館などを運営するブリヂストンの関連会社やカー用品量販店ジェームスを運営するトヨタ系列のタクティー（現・トヨタモビリティパーツ）など、新規開拓を進めることができたのだった。日産への納入で苦労しながら培ったノウハウを活かして、納入先の要望にキメ細やかに対応した商材を提供できるようになった当社は、単にお得意様の注文に応じるだけではなく、ニーズを先取りして付加価値を提供する、提案型の営業が可能になったのである。

オイルショック、収益の柱であったカストロールとの決別、そしてナショナルブランドオイルの市場価値低下という大きな難局を、キョクトーは挑戦と変身によってすべて乗り越えた。２００８（平成20）年のリーマンショックをきっかけとした不況でも、新車の販売台数が落ち込むのを横目に、古いクルマのメンテナンス需要は伸びた。おかげで独自開発によるケミカル類が量販店やディーラーでコンスタントに売れて、キョクトーは業績を伸ばすことができたのだ。

さらにメーカーへの姿勢転換を加速

そのようにして、すでにある商品をメーカーに代わって小売店に売り込む代理店から、お得意様が求める商材の企画開発を手掛ける商社へと業務形態の多角化に成功したキョクトーグループは、さらなる上流を目指す。**他にない独自企画商品の開発生産までできる、メーカー機能の獲得である。**

それを担うのが1992（平成4）年に昭和オイルとして設立し、昭和バッテリーを経て1999（平成11）年に社名を変更した株式会社オベロンだ。

カーメンテナンス関連用品を中心に扱うオベロンは、99年にGM（ゼネラル・モータース）系列の部品メーカーであるACデルコブランドの代理店としてバッテリーの取り扱いを開始。富士重工（現・スバル）の用品販売子会社であるスバル用品を介してスバルのディーラーに納入するようになり、現在ではスバルの純正リプレイス用バッテリーに指定されている。2007（平成19）年からは、スバルのロゴの入ったカストロールブランドのオイルをきっかけに直接取引も開始している。

並行して独自のメンテナンス商材の研究開発を続け、１９９８（平成10）年にエンジン内部の汚れを洗浄するスラッジナイザーの開発に成功した。このマシンは、もともとは台湾製の類似商品があるのを知り、その可能性に着目して国内の協力工場に開発・製造を委託したものだ。同様に、２０００（平成12）年には空調システム内の雑菌や汚れを洗浄して匂いを抑えるエアーリフレッシュも開発している。主にオイル経路の汚れを洗浄するスラッジナイザーに対して、燃焼室やピストンに溜まったカーボンを除去するカーボナイザーも、同じ２０００年に開発した独自商材だ。当初は機械式だったが、２０１３（平成25）年には点滴式に進化し、お客様により高い効果を提供できるようになった。

試行錯誤の末に製品化にこぎつけたそれらの新しい商材は、当初はそれまでのキョクトーグループの主力商材であるオイルと同様に、オートバックスなどの量販店のピットへの納入から始まったが、やがてスバルやトヨタ、ホンダなどの全国のディーラーへと納入先を広げることができた。

ファブレス企業としてBtoBのスタイルを確立

90年代以降、世界から失われた10年、20年と揶揄されるほど長引く経済の低迷で新車の販売が伸びないなか、サービス部門の収益で販売不振を埋め合わせようと各社のディーラーは既販車両のメンテナンスに力を入れるようになった。さらに顧客満足度向上の一環として、待合室からメカニックの作業風景が見えるガラス張りのピットでの〝見えるサービス〟にも気を配るようになってきた。そうしたなかで、古いクルマのエンジン内を洗浄して快調な走りを取り戻したり、空調ダクト内を除菌して車内の快適さを向上させるといった効果の分かりやすいメンテナンスが、ユーザーに対する売り物になってきたのだ。

それらのピット商材の販路は国内のみにとどまらない。スラッジナイザーは、現在では貿易商社を通して中国などの東南アジア市場にも輸出を始めている。モータリゼーションが発展途上の彼の地では、マイカーにはまだ大きなステイタスがあり、内外観ともに大事に磨き上げて乗られている。主に高級車のユーザーを中心とした、そうしたニーズを満たすメンテナンス用品の海外市場も、これからさらに伸びていきそうだ。スラッジナイザーなどの機械は売ったら終わりではなく、エンジン内を循環させて汚れを取り除く溶剤がリピートで売れる。それを製造しているのも後で述べるキョクトーグループの石油メーカーという、いい循環ができつつある。

ユーザーに満足してもらうことで得意先に利益をもたらす商材だけでなく、ピットの作業性やディーラーの経営に寄与する商材も、オベロンは手掛けている。部品に付着したオイル分などを落とすために工場では大量に使うブレーキパーツクリーナーと呼ばれるスプレー缶に入ったケミカルを、いちいち缶ごと買い替えるのではなく補充して使えるようにする機械もその一例だ。メーカーと言っても、オベロンのビジネスのスタイルは末端のお客様に直接商品を届けるB to Cではなく、主に量販店やディーラー、工場のプロに求められる商材を開発して提供するB to Bのスタイルが基本だ。そのニーズは、まだまだ拡大していくだろう。

代理店から商社へ、そしてメーカーへと発展してきたキョクトーグループだが、基本的には生産現場の工場を持たない、いわゆるファブレス企業である。**日々の営**

業活動のなかでつかんだニーズやヒントを商品企画に落とし込み、提携協力工場で製品化するという流れだ。生産現場は持たないものの、機械の設計や試作まではできる部門も2018（平成30）年に事業譲渡を経てオベロン傘下としており、今後も新たな商材を積極的に投入していく体制が整っている。

M&Aで時間をお金で買い、企業グループに成長

海外ブランドオイルの取り扱い方も、以前の代理店業務からメーカー指向へとシフトした。米国発祥の石油メジャーブランドだったGulf（ガルフ）が日本におけるマーケティング拠点として設立した総代理店のゴトコ・ジャパン株式会社を、2006（平成18）年7月に買収。キョクトーグループは有名ブランドオイルメーカーを傘下に収めたのだ。

元はと言えば、ゴトコの黒田進社長から何度となくM&Aのお話を受けていた。同社の業績は好調だったが、創業社長である黒田氏の後を任せられる後継者がおら

ず、当社にその任を担ってもらえないかというのである。最近ではM&Aを仲介する会社も増えており、当社にも「こんな会社を買わないか」というオファーがあったり、逆に当社の買収に興味を持つ会社が現れることもある。しかし、当の社長から直接会社を買ってもらえないかと持ち掛けられたのは珍しかった。

当時の当社は事業の多角化を模索していたとはいえ、ガルフの国内の特約店のひとつに過ぎなかった。しかし、本国が設立に関わったゴトコ・ジャパンを傘下に置くということは、これまでの代理店や特約店の地位より一段高いレベルでのビジネス展開も期待できた。そこで決断してM&Aを行い、ガルフの日本総代理店の権利を獲得。会長に私の長男の藤田隆志（138ページ参照）を置いて、本国のメーカーに対して対等の立場で発注や相談ができる、従来に増して安定性の高いナショナル・ブランドオイルのサプライヤーとなったのだ。

ガルフというブランドは、1971（昭和46）年公開の映画『栄光のル・マン』で主人公のスティーブ・マックイーンが乗っていた「ガルフポルシェ917K」のカラーリングで有名だ。淡いブルーのボディにオレンジの円をあしらったロゴマークは、それ以前の1968年、1969年にル・マン24時間レースを2連覇した

「フォードGT40」に塗られて世界的な知名度を上げた。2019年にマット・デイモン主演で制作された映画『フォードvsフェラーリ』の後のエピソードだ。現在の本社は英国にあり、世界的にも知名度の高いオイルブランドである。

その有名ブランドであるガルフを、キョクトーグループはメーカーの一員として販売できる体制になったのだ。国内の販路は全国ネットの整備商工組合を始め、キョクトーを通して量販店でも販売されている。ガルフのオイルは本国で研究開発されるが、最終製品の生産は日本国内でも行われており、製品は当社を通して海外の代理店や直営店へ輸出もされている。つまりゴトコ・ジャパンはガルフブランドのオイルを売らせていただくというだけの立場ではなく、有名ブランドのメーカー側の一員として自ら世界に拡販していけるのである。それは**単にグループの業績に寄与するだけでなく、社員にとってもプライドの持てる企業グループに成長した証しともなった。**

後継者育成も目的の一つにする

21世紀の新しい石油メジャーにも数えられるマレーシアの国営石油会社、「ペトロナス」ブランドの取り扱いも、これまでの輸入ブランドオイルの代理店契約とは異なる形態だった。

そもそもは、ある会社がこのブランドのオイルを大量に輸入したもののさばけず、港にコンテナごと置いてある在庫を引き取ることを条件に、代理店にならないかという申し入れだった。東南アジアが発祥のペトロナスは日本では無名で、ブランド力では勝負できない。最初の輸入元もそこを読み誤ってしまったのだろう。しかし取引の相手は国営企業であり、その日本総代理店となれば将来の展開への可能性も見えてくる。そう考えて引き受け、取扱会社として株式会社ペトロプランを設立したのが2007（平成19）年11月のことだった。

この事業はオベロンとともに、次男の藤田賢一（140ページ参照）を社長に据えて任せた。当初3年ほどは過剰な在庫や業績不振に苦しんだが、やがてトヨタ系やホンダ系のディーラーへのメンテナンスパック用などとして、全国に新たなオイルの販路を築くことができた。さらにペトロナス本社からの要望もあり、営業に努めた結果、ディーラーや量販店の工場に販売する自動車用以外の販路の開拓にも成功して、いまでは収益性の高い企業へと育ったのである。

ペトロナスというブランドは、F1グランプリレースのBMWやメルセデス・ベンツにもオイルを供給するなど高い技術を持ち、一部では知られているが、かつてのカストロールなどのように高値でも指名買いしてもらえるようなプレミアムブランドではない。それでも、やり方次第ではちゃんとしたビジネスとして成立することを証明できたのだ。先のスラッジナイザーに使う溶剤も、国営石油企業という高い信頼性を持つペトロナスの開発製造部門にオーダー通りの製品を作らせ、流通させることができるなど、グループとしての相乗効果が期待できるのだ。

事業のさらなる発展のために近年進めてきた、そのようなM&Aの方針は、基本的に私が決定してきた。その前に役員の意見は十二分に聞き、リスクを把握することは言うまでもないが、**トップダウンで基本的なことを決定した後は相談に乗りな**

がらも各社の社長に任せ、各自が結果を出してくれるようになってきた。ペトロナスのディーラーに対する売込みも当初は難航したが、時間とともに成功裏に持っていけた。ある程度のノウハウを蓄積した近年では、新規事業でも過去の成功事例の応用と転用が利くようになってきている。

M&Aは昔風に言うなら企業買収で、どうも日本では人聞きの悪い印象もあるが、これからはもっと一般的になっていくことだろう。新しい事業を一から起こすのは大きなエネルギーを必要とするし、失敗したときのダメージも大きい。しかし、すでに実績があり、やり方次第では伸ばしていける企業が何らかの理由で売りに出ているのなら、それを傘下に入れることは、M&Aの対象となった企業の従業員にとってもいいことだろう。

売りに出ている以上、その会社は経営者にはすでにその責任を果たす意思や能力はなく、もしかしたら従業員は近い将来には解雇されるかもしれないということだ。それを手に入れて立て直すことができれば、売りに出した社長は経営の重圧や責任から逃れ、従業員はさらなる発展が望める経営者を獲得する。買ったほうは自分で立ち上げたら大変な新事業を、その会社の歴史ごと手に入れることで容易に実績やノウハウも獲得できる。いわば時間をお金で買うわけだ。

ちなみに、当社が傘下に入れた企業の従業員を一方的にリストラしたことはない。**関係する全員がウィン・ウィンの関係で伸びていける、幸せになれるM&Aでなければいけない**というのが私の考え方だ。

上流のみならず、事業拡大は下流にも

代理店から商社、メーカーへという転身が上流への方向なら、小売業という下流もまた、グループがさらなる飛躍を遂げるためには必要だ。そう考えて2015（平成27）年に実行したのが、自動車ガラスの販売施工を中心に、洗車やコーティングなどの事業も手掛ける高橋硝子株式会社の買収である。

この先、ガソリン車が衰退して路上を走る自動車がすべてEV（電気自動車）になったとしても、ガラスの需要がなくなることはない。高橋硝子は直接小売りに加えて

カーディーラーとの取引もあり、これまで当社が持っていなかった小売りのノウハウを、新しい事業に押し広げていける可能性は十分にあると考えている。

私は常々、「**生き残るのは強く、大きな者でも賢い者でもなく、変化できる者である**」と言ってきた。当社も折々の危機にあたって、柔軟にそれを乗り越え、次のフェーズに適合できるよう変化することで今日まで生き抜いてきたのである。高橋硝子のM＆Aには社内にも異論が聞かれたが、**きたるべき未来の変化に向けた構えとして、新しい業態をグループに置いておくべきだと考えて決断したのだ**。

このようにして今日のキョクトーグループは、メーカー、商社（問屋・卸）、小売りというビジネスの幅広いシーンをカバーする企業グループへと成長した。

２０１９年4月には、創業50周年の社内祝賀会を、出席社員３００余名、企業グループ7社で大阪市内のホテルで開催できたことは最大の喜びだ。これからは後継者の育成に全力を挙げ、グループ企業の存続発展ができる体制づくりを、「次の喜び」として進めていきたいと思っている。

インタビュー④

私から見た藤田会長像

勝負はグループとしての総合力とみています。

ゴトコ・ジャパン株式会社 会長　藤田隆志氏

基本的には放任主義だけど結果主義

キョクトーの創業は、1964（昭和39）年に会長の長男として生まれた私が5歳のとき。仕事人間の父に遊んでもらった記憶はほとんどないのですが、自宅で創業したので毎日両親そろって忙しそうに働いているのを見ていたし、家の前の倉庫に積んである商品の山の中で遊んでいると、当時の若い社員たちも相手をしてくれたものでした。忙しいなかでも、父は年に一度は必ず家族旅行に連れて行ってはくれましたね。

父は仕事でも子育てでも基本的に放任主義で、結果さえ出していれば文句を言わない一方で、うまくいかないと、ああしろこうしろと、すべて指図されました。そういえば高校進学時には、推薦入学が決まっていた地元の高校を父が勝手に蹴り、首都圏の高校への入学を一存で決めてしまって、大変だったりしましたね。

その反動ではありませんが、学校を出た後、私は職業安定所経由でキョクトーとはまったく縁のない会社に就職し営業の仕事をしていました。そこに数年勤めたころに「いまの会社はキョクトーより待遇がいい」と父に自慢すると、「新しく商品部を立ち上げたから、ウチに来い」と言われて入社したんです。

周りからの「信頼され」ぶりにはビックリ

部下として父と働いてみて、いちばん驚いたのはその人脈や人望ですね。たとえば現在私が会長を務めるゴトコ・ジャパンは2006年にグループの一員となりましたが、もともと同社の営業戦略は、私が商品部の責任者をしていた時代からキョクトーが担っており、営業的な移譲はスムーズに進みました。

しかし、誰を社長に据えるかというとき、父は得意先の重役だった松田濃氏を引き抜いてきたんです。実力のある人に目をつける眼力もそうですが、それ以上に声をかけられたほうも、相手をよほど信頼していなければ「はい、そうですか」と現職をなげうって来ることはできないでしょう。**基本は人間関係なのでしょうが、その信頼されている感というか、安心感を抱かせる人望は凄いと思います**。その後、私が社長を務めた後で招いた現在の武田健一社長も、元オートバックス役員の経歴を持っており、父の人脈です。

時代の変化にどう対応するか

ほかにも、債権管理の厳しさや特販制度のような人の実力を引き出す組織づくりなど、父から学ぶところは多いのですが、その一方で、変化が加速する時代のなかに、今日のキョクトーグループはうまくマッチしていると感じてもいます。

父の時代には情や個性で売る個人戦のスタイルだったでしょうが、いまではシステマチックな組織戦の時代。それぞれに得意分野を持つグループの力を活かして新しいビジネスを開拓したり助け合うことで、これからも生き抜いていけるのではないかと思うのです。

ゴトコ・ジャパンでも常に新しいビジネスを模索していますが、一方でモータースポーツ好きには古くから知られるガルフというブランドの強みを活かして、オイル事業にこだわるのも手かと思っています。

当社は国内の旧車イベントへのスポンサーをしているほか、本国のガルフ・ブランドは2021年に、1960、1990年代に続くマクラーレンF1の3度目のスポンサーになりました。富裕層のクルマ好きファンの多いそのブランド力を活かした営業にも、これから挑んでいきたいと思っています。

インタビュー⑤

私から見た
藤田会長像

いい意味での〝人たらし〟。

株式会社オベロン、株式会社ペトロプラン 社長　藤田賢一氏

人の使い方がうますぎる

会長の次男として自由に育てられた私は、我ながらやんちゃな子どもだったと思います。一方で、父のようになりたいという感覚も強くあり、いつか自分で会社を切り盛りするようになりたいと思っていました。

だから営業という仕事の修業のつもりで、最初に勤めたのは展示会や店舗の改修などを手掛けるディスプレイ会社。仕事を任せられて、建築業者の選定や見積もり、図面などをトータルにコントロールするのは楽しかったですね。そうして社会人経験を積み、キョクトー入りしたのは26歳のときです。

それまで飛び込み営業も経験し、**モノを売るのはうまいつもりでいましたが、父にはやはりかなわなかったですね。**押し出しの強い、強烈なキャラなのにリスクヘッジなどは物凄く慎重なところとか、人の使い方とか。とくに人の使い方は、うますぎるぐらいうまいんです。ちょっとした表情や言葉尻で、相手が何を考えているか分かってしまうんですね。

喧嘩も酒も、回数はいちばん多い

とはいえ入社後は、父とはなにかとよくぶつかり、役員会で怒鳴りあいの喧嘩になってしまうことも珍しくありませんでした。周囲の役員からは「お前が降りとけよ」などとたしなめられましたが、納得いかないことはしつこく言い続けたし、そうしないと会議が父の独演会になってしまうという気持ちもありました。

そういうときは、本気で父を憎たらしく思っているのですが、後で言いすぎたと反省して落としどころを見つけたり、父のほうから理解して歩み寄ってきてくれることもありました。周囲には迷惑もかけたけれど、それでよかったのだと思います。

いまでは父には「こうやるから」と説明をしたうえで、アドバイスがあるなら聞くし、うまく行っていればまかせてくれます。もともと私と父は喧嘩もするけれど、酒を飲みに行く回数もいちばん多いような関係なんです。

メーカーならではの楽しさ

キョクトーグループのなかではメーカー的な機能を担うオベロンの専務を命じられたのは、38歳のとき。42歳で社長になりました。念願通り、会社を切り盛りできるようになったわけですが、じつはそのときはすでに内心「楽勝」と思っていたんです。

当時のオベロンはまだ父が片手間で見ており、メーカーと言いながらも実際にはキョクトーの下請けの卸屋でしかなかった。だから名実ともにメーカーを目指してやり方を変えれば、きっとうまく行くと思っていたんです。実際に、3年ぐらいでそれまでに累積した赤字などのウミを出し切ってからは、おおむね思った通りに業績が伸びてきました。

景気の低迷で新車が売れない分、ディーラーがメンテナンスに力を入れるようになり、エンジン内部を洗浄するスラッジナイザーなどが売れました。日本で成功したそれは、海外市場からも売りたいという引き合いが多く、輸出も伸びています。コロナ禍のいまは車内の消臭ケミカルも期待できます。

やはり人脈が宝だと思う

ペトロプランは当初、別の方を社長に立てましたが、キョクトーグループとしての契約は、私が中心となって進めました。当時はカストロールなどの海外ブランドから卸屋不要論が出始めていて、単なる代理店ではないビジネスの形態を目指したんです。

マレーシアが本拠地のペトロナスのオイルは日本ではプレミアムブランドとしては売りにくいですが、F1での実績もあり、分かる人には分かってもらえるブランドです。そこでイベントのスポンサーなどをしながら、自動車メーカーや自動車販売会社などの大手企業に営業をかけ、安定した取引先を開拓することができました。

私も以前は草レースに少し出たりしましたが、社員にはクルマ好きが多くて、そこからレース界の接点もでき、ビジネスに発展することもあります。**いろんな人とつながって、いろんなことに挑戦できる経営という仕事は本当に楽しいと思います。**人脈ができればスムーズに物事が運ぶし、会社の中でもちょっと工夫すればみるみる組織が変わって、もっと良くなったりするんです。

いつしか父に似てきたと思う

これからやってみたいことはまだまだあります。


ビジネスにおけるグループ内でのシナジー効果はもっと期待できるはずだし、優秀な人材をグループ内で融通しあうこともできるでしょう。

メーカーとしてのオベロンの開発力も伸ばして、これからも新商品を展開していきたい。いまはディーラーなどへのBtoBのビジネスが中心ですが、ネットをうまく使って、末端のお客様に直接アプローチして商品を知ってもらい、得意先のディーラーなどで買っていただくといったBtoC的な形態にも挑戦しています。

以前はボロクソに言われた父を見返したいと思ったこともあるけれど、じつは最近、自分が父に似てきた気がするし、周囲からも言われるんです。近年の私は自動車メーカーの高い地位にある人を会社に引き込んだり、世界を相手にしたいという志のある人材をリクルートしたりしています。いつか父のように、凄い人脈や人望を身につけたいと思うようになったんです。

第5章

人を育て、人を動かす

企業は人なり

社員とは真正面から付き合う

たった3人で始まったささやかな事業が、今日までの半世紀で大きく発展する過程では、本当に多くの人の力を借りてきた。取引先のお客様はもちろんのこと、社員ひとりひとりの力が合わさって、初めてキョクトーグループはここまで来ることができたのだと思う。

その社員たちとは、基本的には家族のように接し、時には父親のように丁寧に育ててきたつもりだ。

たとえば現在、キョクトーで財務を担当している松島吉英役員は、28歳で入社して以来38年の付き合いになる。もともとは東京の大手会計事務所に勤めていたところを、当時経理をお願いしていた経理顧問の女性の紹介で入社したものの、最初は経理のこと以外はまったく分からない若者だった。人の話は聞かないし、世の中のことも知らない。モノのとらえ方や考え方、口の利き方に至るまで、私から見るとまるでなっていなかった。

そこで毎日、午前中は私の部屋で仕事をさせながらお説教という日々が2年間も続いた。当時は大阪で東京弁を話されると馬鹿にされているような気がしたものだが、逆に向こうも関西弁で説教されることに腹を立てていたかもしれない。時にはケンカ腰で大阪の中小企業のオヤジに怒鳴られる日々に、いま思えばよく耐えたものだが、そうこうするうちに角《かど》が取れ、30歳で経理課長の役をつけるころには、じつにいい働きをするようになってくれたのだ。彼が結婚する際には、仲人も務めさせていただいた。

最初はお愛想のひとつも言えない男だったが、直々《じきじき》にゴルフの手ほどきもして、銀行相手の交渉や折衝も任せられるようになった。入社当時は彼なりのプライドもあっただろうし、それをことごとく覆される日々が続いたのだから、ひとつ間違えば会社を辞めていたかもしれないが、いまではなくてはならない文字通りの〝人財〟だ。それも最初の2年間の真剣勝負の間に信頼関係が築けたからこそ、最後まてついてきてくれたのだろう。

そのようにして**社員と真正面から付き合えば、人柄も力量もおのずと分かる。**これは使えると見込んだ者には、ステップアップのためにあえて難しい仕事を与えて乗り越えてもらうこともしたし、多くの者はその期待に応えて、結果を出してくれた。もっとも、しんどい経験は人を成長させると考えて、昔あった〝地獄の特訓〟の類のセミナーに送り込んだこともあったが、**信頼関係が前提にない、人格を崩壊させて鍛え直すようなやり方では、効果は長続きしなかった。**

現在、日本オイルサービスとキョクトーを率いている若園恒社長（184ページ参照）や、高橋硝子を任せている今井信弘社長（160ページ参照）も、新人時代からじっくり育てたプロパーの社員出身である。

若園社長はもとより優秀な人物だったが、なによりも私利私欲なくひたすら仕事に取り組む姿勢が素晴らしかった。当社の中核事業を担うにふさわしい人材として、社長を務めてもらっている。今井社長は、当社から一度は独立して例の特販部（111ページ参照）の一員となり、バリバリ営業実績を挙げていたところを、M＆Aで傘下に入れた高橋硝子を率いてほしいと頼んで任についてもらった。見込んだ通り、アウェーとして乗り込んだ買収先の会社で社員たちを巧みに率い、束ねるリーダーとして実力を発揮してくれている。

高橋硝子は買収当時は業績不振に陥る寸前で、私としても当初数年は厳しくなると覚悟していた。しかし、今井社長は着任すると50人の社員のひとりひとりと丁寧に接し、食事をしたり、話をして信頼関係を築いたうえで、現状の何が悪いのか、どうすれば良くなるのかを従業員とともに考えた。するとたちまちのうちに業績回復に転じたのである。

彼の報告によれば、着任当時の同社は社長以外は腕一本で仕事をする職人気質の集団で、現場の仕事のクオリティは高いが、それ以外は社長の言う通りに動くだけで、自分から数字などを意識して働く効率の高い組織ではなかった。そこで、**今井社長は時間をかけて彼らとの信頼関係を築き、しかる後に会社の現状の数字を提示して、改善が必要であることを彼ら自身に気づかせ、組織としての成果の挙がる経営へと導いたのだ。**自身が腕一本で稼ぐ特販部で辣腕を発揮していた今井社長だが、その実力は組織を操らせても一流だった。

M&Aで新規事業に乗り出すのは、お金で買収先の会社が実績を築くまでの時間を買うようなものと先に述べたが（135ページ参照）、そうして築かれた実績を活かすためには、**先方の幹部や社員との信頼関係をしっかりと築けるリーダーを送り込む必要がある**。もしも力ずくで彼らを意のままに操ろうとするタイプの人間をトップに据えても、現場は思い通りに動いてくれないばかりか、せっかく手に入れたその企業の実力を毀損する恐れさえある。

今井社長は営業マンとしての個人の力も図抜けていたが、そのベースとなっていたのが腹を割って相手とコミュニケーションする能力。それが社長としていきなり送り込まれた買収先の従業員の心をつかみ、信頼を得るために大きな力となったのだろう。

一方で、困難なプロジェクトを見事に達成する実力を持ちながら、組織をうまく操ることは苦手なタイプの人間もいる。現場の担当者として得意先との折衝や交渉はとても上手にこなし、粘り強く新規事業を軌道に乗せたのに、より上位の管理職として部下を使いこなして大きな成果を挙げてほしいとこちらが思っても、部下との信頼関係を築くことができず、組織を壊しそうになった者もいる。自身がこれと見込んだ仕事にのめり込むことに喜びを感じるタイプで、そうなると周囲の状況など目に入らず、部下にも自分のやり方を押し付けてしまう。

それを能力が足りないと切り捨ててはいけない。適材適所で人を使いこなすことが人事の要諦。社員の能力や適性に合った仕事を与えてやりがいを感じてもらい、成果へとつなげるのも企業や経営者の責務というものだろう。

その考え方は身内にも当てはまる。

じつは私の次男の賢一は、手元に置いて育てていたころには意見が合わず、役員会が親子喧嘩になってしまうようなこともよくあった。遠慮なくモノが言える親子の関係だからこそ意見の相違が感情的にエスカレートすることもあるし、いくら頑張っても社内では創業者一族と見られることも、彼にとって面白くはなかったのだろう。そこで、当時は赤字で利幅も小さく、難しい舵取りが求められたペトロプランとオベロンを、責任を持って経営するよう社長に就けて任せてみたところ、10年を経て本体に迫る業績を挙げる企業へと育ててくれた。その采配のおかげもあろうが、国際的な取引も多いペトロプランとメーカー色を前面に出したオベロンには、スケールの大きな仕事を求める、優秀な人材も集まってきていると感じる。

賢一社長自身もマレーシア政府関係者との付き合いなど、**私にはない新しい世界を広げているようで、親としても、経営者としても頼もしく感じている**。そうした経験を経て私は、経営者とはいかに業績を挙げたとしても、まともな後継者を育てることができなくてはせいぜい50点なのだと最近は思うのである。

意識して周りにはいろいろなタイプの人間を置く

いまにして思うことだが、私自身、若いころは自分の考えが部下にすぐ伝わらないと思わずイラついていた。人の使い方で眠れないほど悩んだこともしょっちゅうある。しかし、やがて世の中にはさまざまなタイプの人間がいて、それぞれに活躍できる舞台が違うことが分かってきた。そこで、意識して自分の周りにはなるべくいろいろなタイプの人間を置くようにした。

自分と同じタイプで脇を固めると、どうしても判断も偏る。そこで**異論を述べる者を混ぜることで、前のめりの姿勢ではなく、**一歩引いた冷静な判断ができるようになる。自分とは違うモノの考え方やとらえ方をする人が、問題解決の糸口を見つけてくれることもある。話が通じない相手＝敵、というわけではない。

とはいえ、人と人との関係には相性もあるし、どうにも意思の疎通ができなくてうまくいかないこともある。そんなときには、無理に理解しあおうとはせず、しばらく距離を置いておくことにしている。そうして次の機会にうまく話が通じればよし。それでもだめなら仕方がないと諦めるしかない。

最終的にコミュニケーションが成り立つかどうかは、**互いの興味や信頼感にかかっているように思う**。相手に関心を持ち、信頼感を持って自分に何を求めているのかを真摯に考える人なら、たとえ意見は合わなくとも、力を合わせて同じ目的に向かっていくことはできる。しかし、こちらが懸命に何かを伝えても「何か言ってるな」といった心のこもらない態度の人には、何を言っても通じない。それは社員でも取引先でも同じである。

真面目に働いている社員なら、少しでも活かしたい

そのような興味や信頼感は、仕事に対する態度でも表れる。平社員から主任や係長、課長と役が付くうちに、仕事に対する興味を失い、現状に満足して「オレは定年まで、この会社でのんびりやれればいいや」といった態度になる者がいる。いわゆる万年課長に自らなってしまうのだ。

そうなってしまうと、ありきたりの仕事しかせず、新しい事に挑んだり、自分を成長させようとする姿勢がなくなる。それではどんなに真面目にやっていようとも、やがて同僚や後輩にも追い抜かれてしまうだろう。そういう社員には何かしらの課題を与えて、やり遂げることで次のステップに進むよう促すのだが、与えられた課題に対して自分でやり方や解決策を考え、工夫できる者はよいが、課題を前に呆然と立ち尽くし、「どうすればいいのですか」と聞いてきたり、もっと悪いことにできない理由ばかりを並べて逃げようとする者もいる。そんな社員は現状維持どころか、会社のお荷物にもなりかねない。

本来なら、「このままだと後輩にも追い越される名ばかり課長になってしまうぞ」とハッパをかけられた段階で発奮し、自身で課題を考えて挑んでほしいのだが、**そうした創造力や向上心に欠ける者は、どうしても一定数いるのである**。せっかく社会人として世に出て、腰を据えて働ける職場があるのなら、常に問題意識や向上心を持ち、上昇志向で生きてほしいと思うのだが、どうやらそうした私の感覚とは異なる人はいるようだし、最近はそれが増えているような気がする。

近年のメディアではよく、「年収３００万円で優雅に暮らす」とか「のんびりと自分らしい生き方」といった文言を見かけるが、私自身はそのような姿勢は人をダメにするし、そのような人ばかりになると社会の活力を奪ってしまうと思っている。

豊かになった今日でも生活保護などに頼ることを放棄した、世捨て人のようなホームレスを見かけるが、私の幼いころには日本全体がまだ貧しく、街には物乞いで暮らしを立てるしかない人がたくさんいた。幼い私は「あんなふうになりたくない」と心から思い、そのために常に頑張ることを自身に課してきた。それを昭和の考え方と言われると返す言葉もないが、**私の部下も常に自己満足や慢心をせず、上**

を見て歩む人々であってほしいのだ。

かといって、現状に満足して立ち止まってしまった社員を追い出すことはできない。与えられた仕事しかせず、うっかりすると会社の足を引っ張りかねない人物だとしても、それを理由に彼の首を切るような会社は、他の社員からも信用してもらえないだろう。社内の誰が見ても「この人は会社をダメにする」と思うようになればどうか分からないが、物足りなくとも真面目にきちんと働いている社員なら、少しでも彼を活かせる人事を考えながら試行錯誤していくしかない。

家族のように社員と接する

ただし、いつの時代にも言われる「最近の若者は」という論調には、私はまったく同意しない。私は若いころに覚えた夜遊びが、いまも好きで、週に2～3日はどこかを飲み歩いている。最後はなじみの店に一人で腰を据えるが、スタートは社内で若い社員に声をかけて連れていく。世代や育った環境の違う人との遊びは、刺激にもなるし勉強にもなる。そうして多くの社員を見てきて思うのは、経営者も社員も、持てる能力には大きな違いなどない、ということだ。それどころか、私などには真似のできない教養や実力、社交性などを持った若い社員もたくさんいる。

その能力を引き出す課題を与え、育てることが、経営者の仕事なのだろう。そこで必要なのはそれこそ昭和の家長のように社員を家族同然に愛し、叱るときにも親のように温かく接することと心得る。**日頃社員に「人を好きになれ」「部下は身内と思え」と言っているのは、本心である。部下を家族同然と思っていてこそ厳しいことも言えるし、全力で守り抜くのだ。**

以前、残念なことに心を病んで会社を去った社員が、ふらりと本社を訪ねてくれたことがある。食事をしながら話を聞くと、退社後、療養ののちに他の会社に定年まで勤め上げたという。彼の面倒を最後まで見ることができなかった私は、恨みつらみのひとつもぶつけられるのかと思ったら、ただただ「懐かしい」「会長と話すと楽しい」と懐いてくれたのである。

うれしいと同時に少しホッとしながら、家族のように社員と接するという自分のやり方が間違っていなかったと思えたものだ。

また、若園社長の前に日本オイルサービスの社長を務めてもらっていた鈴木康司顧問は、当社を定年退職後に一度は別の会社に再就職していたところを、M＆Aの話を進めていた企業の社長として呼び戻した。ところがその話が最後に頓挫してしまい、結局顧問として再び迎えている。家族のように信頼できる社員たちだからこそ、そのようなお願いもできるし、彼らも時に無茶な私の頼みを聞いてくれるのだろう。

一方で、私は仕事のパートナーや部下と友人とは、厳然と区別してきた。独立の際に桝竹君をパートナーに選んだのは、同じ部品部の上司と部下として働き、部品のことなら安心して相談したり任せることができるパートナーと見込んだからであり、彼はその期待にしっかり応えてくれた。

その一方で、ダイハツ時代の同僚の石田郁夫君はさんざん一緒に遊んだりいたずらをした親友であり（37ページ参照）、「嫁を世話してくれ」と頼まれて紹介した姉婿の妹と結ばれて、親戚にまでなってしまった関係だが、キョクトーには最後まで誘わなかった。彼の人柄や能力を疑ったのでは決してない。石田君のダイハツ時代の所属が車両部であり、私のビジネスである部品の領域では門外漢だったからだ。

創業時に私がもしも親しいからというだけの理由で彼を誘っていたなら、きっとビジネスはうまくいかなかっただろう。彼の結婚の際には、私と姉で仲人役も務め、ずっと親戚かつ親友として付き合い続けてきたが、ダイハツを辞した後、家業を継いだ彼とは、ビジネスの付き合いがないからこそ心から親友と言える関係が続いてきたのだと思っている。

力のある者が切磋琢磨できる環境をつくる

社員と家族のような関係を築くには、せいぜい100人程度が限度かと思う。その点、現在の当社はグループのコントローラーとしてのキョクトー本部以下、キョクトー、日本オイルサービス、オベロン、ペトロプラン、ゴトコ・ジャパン、高橋硝子というグループ会社がそれぞれ家族のように結束し、一族を形成する形がうまく機能していると思っている。

そのうち、キョクトーと日本オイルサービス、高橋硝子の社長は親族ではなく、生え抜きのプロパー社員出身である。当社のような規模や経営でグループの中核企業の社長を親族以外に任せるのはまだ珍しいようだが、それは社内的には頑張れば自分も社長になれるというモチベーションにもつながるし、身内の役員にとってはうかうかしてはいられないという、いい緊張感につながる。現在、ゴトコ・ジャパンは長男の藤田隆志が会長を務め、ペトロプランとオベロンは次男の藤田賢一が社長を担っているが、**実力あるプロパー社長との切磋琢磨は、トップの親族だからという甘えを許さない、いい環境になっている**。これからも家族のように温かく、しかし互いに切磋琢磨しながら会社を成長させていける人材を育てることが、経営者の使命だ。

人手不足も言われるが、いまの時代はいい人材が採用しやすい時代だと思う。自動車関連事業を手掛ける当社に入社していただく以上、クルマにまったく興味がない人はさすがに遠慮してもらうが、大学からインターンシップとして職場を経験して入社してくる新卒社員も中途入社組も、当社でやりたいことがあると考えている、リーダーになりうる人材を採れれば、将来も伸びていけるだろう。

ちなみに新卒社員の採用の際には、大学の格などは問わない。むしろ小さな会社に「来てやった」と考える一流大卒の三流の人材より、**三流大卒でもやる気のある一流の人材を採ったほうが、「入れてもらった」と感謝してのびのびと力を発揮してくれる例はいくらでもある。**中途入社組でも、オペロンやペトロプランで世界を相手にしたいと入社してくる頼もしい人材が数多くいることは、すでに述べた通りだ（150ページ参照）。

上昇志向のある若者が世界を相手に自身の力を発揮できる職場を経営者が用意すれば、そんな前向きな生き方を望む、頼もしい若者がちゃんと来てくれる。**彼らをがっかりさせないことは、経営者の責任だ。**

インタビュー⑥

私から見た藤田会長像

分け隔てなく人に気遣いする方です。

高橋硝子株式会社 社長　今井信弘 氏

独立してからの3年間は本当に大変でした

私がキョクトーに入社したのは、バブル景気真っ盛りの1989（平成元）年です。創業から20年にして初の新卒採用組でしたが、じつは一生勤めるつもりはありませんでした。なにしろ、志望動機は会社が家から近くて慰安旅行が海外だったこと。クルマは好きでしたが、まだ学生のくせにアウディを乗り回すチャラチャラしたヤツでしたから、桝竹専務などは真っ先に辞めると思っていたかもしれないですね。

しかし、当時はキョクトーが単なる代理店から商社やメーカーへと、転身を図ろうとしていた時期です。私も整備業界に部品を売る新事業を7年ぐらいかけて軌道に乗せたり、キョクトーがホームセンターとコラボしたメンテナンス事業を立ち上げたりと、

存分に仕事を楽しむことができました。

結局17年勤めた後で、自分の会社を立ち上げて特販部（111ページ参照）の契約営業マンとなるのですが、そのきっかけは腕一本で仕事をしたいという部下に特販部を勧めたら、「一人じゃ不安だから一緒にやってください」と言われたこと。自分はできるという根拠のない自信があって始めたのですが、最初の3年ほどは本当に大変で、会長に「もうダメだから、従業員をキョクトーに戻してくれないか」とお願いしたこともありました。

そんななか会長は父親的存在で大きく影響を受けましたが、会社で気さくに対応してくれた奥さんも、母親を若いころに亡くしていた私にとっては、お母ちゃん的存在で大きなものがありました。

会長からの就任要請にはビックリ

高橋硝子への社長就任の話が会長から来たのは、そんな苦労の末にヒット商材が出て経営がようやく軌道に乗り、5年ほど順調な業績が続いた後でした。

自分のこれまでの経歴を振り返ると、大体ひとつの仕事を3年ぐらいすると新しい事がしてみたくなるタイプなんです。なのに10年以上も特販部で頑張ったのですから、新しい仕事は面白そうだと思いましたね。

会長が声をかけてくださる以上、悪いようにはされないという安心感もありました。会長はとにかく人が好きで、人に優しい人。

宴会でひとりポツンとしている社員がいると、声をかけて輪に入れるよう仕向けるような気遣いを、誰よりもする人なんです。

特販部で外に出てみて、お金の流れとか経費の感覚など、サラリーマン時代には甘かった経営者目線が身につき、経営側と働く側の両方の立場が分かることも、会長には見込まれたのでしょう。

「まずは人心掌握が第一やな」

とは言っても、社長として高橋硝子に着任し、全社員を前に初めて行った説明会で、全員が敵に見えるような感覚は忘れられません。M＆Aは日本でもだいぶ増えてきたとはいえ、されたほうの社員にとってはいまでも会社が乗っ取られた感覚なのでしょう。

「まずは人心掌握が第一やな」という話は会長ともしており、**相手の気持ちになる、相手の立場に立って考えることを心掛けました**が、まず当時の6人の店長に経営に対する私の意思を伝えるのに1年半ぐらいかかりました。しかも、うまく伝わったのは半分くらいでしょうか？

キョクトーグループは営業職メインの集団なのに対して、高橋硝子は技術で勝負する職人集団。お客様への挨拶の仕方ひとつから変えねばならなかったし、経営効率という感覚も希薄でした。そういうところを白紙から理解してもらうのは大変です。いまも50人の全社員にすべてが正しく伝わっているとは言い難く、年2回の個人面談をしたり、キツいけど楽しい日々を送っています。

社長を経験してみて会長は凄かったと思う

そうした経験をしてみて、つくづく「会長は凄かったなあ」と思います。キョクトーにもアクの強い社員は多く、特販部などは猛者ぞろいです。それを見事に束ねていたのは、本当に凄かったと思うのです。

私を送り込むにあたっては、「お前は人畜無害やから」と冗談めかしていましたが、私自身は会長の背中を30年も見てきて、気が付くと意識せずとも会長の考えが分かるようになったような気がします。**人心掌握術もそうなら、十分なリスクヘッジを意識したうえでチャレンジする姿勢も会長譲り**だと思います。

高橋硝子も、この先はガラスだけで伸びるのは難しい時代を迎えるでしょう。あおり運転の厳罰化で飛び石も減るでしょうし、自動運転の時代になればなおさらガラスの交換は減るはずです。しかしそうなっても、**お客様と直接の接点がある小売業の強みは活かせるはず**。2021年からはコーティング部門も1店に併設して、新しいビジネスモデルを模索するつもりです。

グループでいちばん風通しのいい会社にしたい

苦労した甲斐あって、最近は高橋硝子の古参社員のなかからも「オレがやったる」という前向きな者が出てきました。これからはようやく少し楽ができるかもしれません。目指すのはキョクトーグループでいちばん風通しのいい会社。やる気のある社員が生き生きと活躍できる風土をつくるのが社長の仕事なんだと思っています。

振り返れば、私の年代が若いころには、まだヤンチャでヤマっ気もあったように思います。それと比べると**最近の若いコはおとなしいですね。人生の半分以上を占める仕事をもっと楽しんでほしい**し、私も楽しむための努力なら、人の2～3倍だって喜んでしますよ。

第6章

次の半世紀を生き残るために

経営者は小心者であり、悲観論者であるべき

キョクトーの旗揚げから半世紀の道のりには、「もうダメだ」というピンチは何度もあった。創業間もないころにいきなり70万円ほどの売掛が回収できず、途方に暮れたのはかわいい思い出。数年後には億単位の売掛のある取引先が倒産しそうになり、生命保険で損失を補填するべく自殺を真剣に考えた。寸前で先方の金策が成功して事なきを得たのだが、これ以外にも桝竹専務と「もう終わりやなあ」と腹をくくった危機が何回もあった。私が新規の取引に際して相手の信用を何より重視するのも、そんな経験をもうしたくないからだ。

それでもビジネスに全戦全勝はない。経験的に言っても、せいぜい10戦して7勝3敗なら大成功である。それも自分自身の失敗なら立て直すための手も打てるが、取引相手に飛ばれて巻き添えを食らうのは自分ではどうにもならない。そういう絶体絶命のピンチを目前にしたときはどうしてきたかというと、諦めて遊びに行ってしまうのだ。

「仕事の話はやめや」と大阪の繁華街、ミナミに繰り出して思い切り散財する。**ここでケチってはダメで、手元の金は残さずパーッと使うくらい派手などんちゃん騒ぎをして、寝てしまう。そうすると不思議なもので、2～3日もすると損失を上回るほどいい話が舞い込んでくるのだ。**科学的な根拠は何もないが、私は何回もそうして危機を乗り越えた。

日常生活に当てはめても、いくら考えてもダメなものはダメ。考えすぎて眠れなくなったなら、寝ようと努力するより起きだして好きなビデオでも見ているうちに眠くなるものだ。**じたばたするより開き直るのである。**

とは言いながら、私は人一倍小心者であり、悲観論者でもある。ビジネスには常に最悪の状況を想定して臨み、その状況に陥らない範囲で回す。新事業も余裕資金の範囲で始め、**これはダメだとなったら躊躇なく損切りする。**全財産を突っ込んでの勝負では引くに引けなくなるし、そんなに熱くなってしまっては、勝てる勝負にも勝てない。**失敗しても涼しい顔でいられる範囲で挑むのだ。**

先に賭け事は一切やらないと述べたが（35ページ参照）、こと事業に臨む姿勢としては、どうやら私は模範的なギャンブラーであるらしい。一か八かの大胆不敵な勝負はせず、つねに余裕を残して堅実に賭けて、小さな勝ちを積み重ねていく。博打好きから見たら意気地のない話かもしれないが、私はかつて見た競輪場帰りのオケラたち（35ページ参照）の二の舞はゴメンだ。誰に何を言われようと、7勝3敗で勝ち続けてこその事業であり、小心な悲観論者でなければ経営者として失格だと思っているのだ。

起業よりも引き際の判断のほうが難しい

いま振り返っても、この半世紀の事業はそのようにして7勝3敗でこれたと思う。**その最も重要なポイントだったのは「これはもう負け」を見極める勇気だろう**。最近は起業家が持てはやされ、学生のなかにも自分で会社を立ち上げたいと考える人が珍しくないようだが、起業だけなら勢いでもできる。それよりも、立ち上げた事業がうまくいかないとき、負けを認めて撤退する引き際の判断のほうがよほど難しいのである。

最初から黒字が望めないのは仕方ないとしても、累積していく赤字をどこまで我慢するか。自己資金で運転していけるのか、それとも借り入れに頼るのか。つねに的確な判断が求められる。虎の子の資金を投入して始めた事業から降りるのは勇気がいる。しかしそれができない者は再起不能な大やけどを負うだろう。

キョクトーは創業期こそ親戚からの借金にまで頼ったが、軌道に乗ってからは決して無理な借金はしていない。もちろん、会社を運営していくうえでは運転資金などの融資は受けるが、財務の責任者や各社の経営を任せた者には「借り入れと預貯金がイコールぐらいにやっとけ」と常々言っている。**すなわち解散価値が常にプラスの状態である**。それを越えるほどに負けが込んだなら、潔く降りるべき。事業からの撤退はメンツは潰れるが、それで本体が揺らいでは意味がない。

たとえそうして失敗したとしても、負けのなかから学ぶことは多いだろう。日頃から講演を聞いたり書籍を読んでも、成功者の自慢話より敗者の反省の弁からのほうが学ぶことが多いと思っている。成功した人の話には、今風にいえば〝盛った〟

ウソがありがちだ。対して**失敗した人の話は赤裸々な本音だ。人間としても負けを知る人のほうが魅力的だし、反面教師としてその話から学ぶことは多い。**

私は異業種交流会や勉強会の類には一切足を運ばない。それは反面教師として学べることがそこにはないからだ。うまくやった人の自慢話がいくら飛び交っても、それを自分が真似して成功できるわけではない。むしろ成功者が得意げに語る慢心や傲慢こそ、失敗の根源ではないかと思う。「これでいいや」と思う慢心、自分が一番だと思う傲慢。経営者にそんな心が少しでもあれば、若い社員たちは敏感に見抜き、リーダーとしての実力に見切りをつけるだろう。経営者に部下がついてこない会社が伸びていけるはずはない。

もちろん、新規事業を任せてうまくいかなかった部下に責を負わせることはない。**あくまでも責任者はそれを命じた私だ。**頑張っても力及ばなかった部下はこんちくしょうと思い、二度と負けないために努力するだろうし、私も失敗の理由を考えることで成長することができる。そう考えれば撤退の損失も貴重な授業料である。その悔しさを糧として、トータルで7勝3敗の戦績が残せればいいのである。

世の中には巨額の出資や融資を元手に新事業を始める経営者がいるが、「人の金で事業をやれるなんて羨《うらや》ましいな」と皮肉交じりに思う。それではやめようというときにやめられないし、それこそ失敗したらどうしようと思うと夜も眠れないだろう。それでは大きな仕事ができないという異論もあろうが、**いきなり100点を狙うより、10点、20点を積み重ねて頂上を目指すような経営が、私のスタイルだ。自分の金で、できる範囲でコツコツと。**だからこそ、大きな失敗をしないで半世紀の間成長し続けてこられたのだと思っている。

右往左往しないためにも会社の体力を常に蓄えておく

もうひとつ経営者としての私のスタイルを述べるなら、**危機のときほど余裕のある顔をするように気をつけている。**経営環境には波があるもの。先に述べた取引先の信用不安もそうだし、近年でも、リーマンショックや今日のコロナ禍のように、自分の努力ではどうにもならない運命的な危機はどこにでも転がっている。そうした厳しい状況にあるほど、私はじたばたせず、冬眠するクマのように何もせず、内心はどんなにドキドキしていても社員には余裕のある顔でどっしり構えてみせるのだ。

もちろん、本当に何もしないのではなく、頭をフル回転させて次に打つべき手を懸命に考え、部下に方向性を示すのだが、オタオタあわてた様子でその場しのぎの手を打つのではなく、「自分はすべてお見通しである」という顔をしている。**経営者が浮足立ってしまっては、社員も動揺する。「社長の言うことを聞いていればうまくいくんだ」と社員に確信させることが肝心なのだ。**

逆に経営環境に余裕があるときほど、私は危機感をあおる。何をやってもうまく行く好調期には、経営者も社員も、「これでいいんだ」という慢心に陥りがちだ。そうして熱い情熱をなくし、日々の仕事を漫然とこなすようになったところに次の不振の波が押し寄せたらひとたまりもない。それからあわてて打開策を考えるようでは手遅れなのだ。**好調なときほど、次の危機に備えて新しい事業や革新に絶え間なく挑む。**小心者の悲観論者である私には、そうせずにはいられない。

実際のところ、社長がなりふり構わず、あわてふためかなければならないほどの状況に追い込まれたら、もはやどうにもならないだろう。私が涼しい顔をしてみせることができるのも、**最悪の状況でもしばらくは現状を維持できる程度の体力を常に蓄えているからだ**。だからこそ、吹雪の中に無理をして出て行って遭難するような目に遭わず、良い風が吹くまで穴倉に隠れていることができる。現状維持もひとつの戦略であり、そのためにも全財産を賭けるような博打をしてはいけないのである。

日本経済は2021年現在のいま、コロナ禍で大打撃を被っているが、それも向こう2年程度で収束し、23年ごろには回復してくるだろう。それまでなんとかしのいだ者が勝ち残る。経済の冷え込みで新車が売れないのもメーカーには大問題だが、当社にとっては古いクルマを大事にメンテナンスしながら乗る人が増えることは**むしろ追い風であり、厳しい経済状況でオイルを始めとするメンテナンス用品に高いコストパフォーマンスが求められるほど、それに応えられる体制を整えた当社には強みとなるだろう**。

社内では、新規事業の提案なども盛んに上がってきており、それをじっくり検討して、挑戦に乗り出す力を蓄える時期と考えれば、足踏みもまたよしと思っている。

未来も自動車とともに

自動車業界はいま、100年に一度の激動期を迎えようとしているのだという。クルマがインターネットにつながり、自動運転車が登場し、クルマを所有するより必要に応じてシェアするようになり、はてはエンジンではなく電気で走るようになる。CASE（「Connected（コネクテッド）」「Autonomous（自動運転）」「Shared & Services（シェアリングとサービス）」「Electric（電動化）」）と呼ばれるそんな革新が、業界を大きく変えるのだと喧伝されている。

全体的なトレンドとしてはそうなのだろうが、それが大手自動車メーカーにとっては一大事でも、**当社の規模の、しかもアフターマーケットを主な戦場としている企業には、当面そこまでの激震ではないだろうと私は考えている。**

ネットにつながるクルマも自動運転車もシェアリングカーも、安全に運行し続けるためにメンテナンスを必要とする機械であることに変わりはなく、当社としてはディーラーや量販店などの得意先に求められるオイルや整備機材などの商材を、タイムリーに供給し続けるだけだ。クルマがすべてエンジンのない電気自動車になれば、オイルの市場は壊滅するかもしれないが、今日の状況を見ていると、少なくともこの先数十年は、すべてのクルマが純電気自動車になることはないだろう。

ひところ、欧州ではガソリン車の販売が禁止されるなどとヒステリックに報じられたが、規制されるのは純エンジン車だけで、結局、日本が火付け役となったハイブリッド車が主役になっていく模様だ。モーターとエンジンを組み合わせたハイブリッド車にはエンジンが積まれている。である以上、オイルの市場も存在し続けるのだ。

最終的には電気自動車や、水素から電気を取り出して走る燃料電池車などに切り替わっていくかもしれないが、最近欧州で議論されているＬＣＡ（ライフ・サイクル・アセスメント＝自動車の環境への負荷を走行中のＣＯ２排出量だけで見るのではなく、製造から廃車後のリサイクルまで、バッテリーの製造や発電段階で排出するＣＯ２なども含めて評価しようとする考え方）規制が成立すれば、どうやら現状では純電気自動車もハイブリッド車もディーゼル車も、似たような環境負荷ということにもなりそうだ。そうなれば、当分エンジン車がこの世から消えることはなく、当社が培ってきたエンジン車のための商材やサービスのニーズがなくなることはない。

中国も純エンジン車は規制の方向を打ち出しているが、ほかにもこれからモータリゼーションが進む国も世界にはたくさんあり、一気に電気自動車の時代になるとも思えない。メーカーの一員として良質なオイルを廉価に供給できる当社の事業環境は、まだまだ可能性に満ちている。

何度でも挑戦して何度でも立ち直れる企業風土にしたい

ただし、**変化に対応する準備だけは、怠ってはいけない**。いまのところ欧州のLCA規制への議論は2025年ごろを結論のメドとしているが、彼らはやるとなったら意外と早い。多少危険でも未完成でも、とにかくやってみて、ダメならそれから考えるといったところがある。自動運転もそうだし、電気自動車も、日本ではまだ危険視されている路上からの走行中の給電といった技術を、大胆に取り入れてくる可能性もある。そうなれば世界の潮流は一気に変わるだろう。

対して日本では、行政も企業も最初から完璧な技術やシステムを目指し、一度決めたことは最後までやりぬこうとする傾向が強い。世界的な変化がどんどん加速する時代にそんな頑固な姿勢でいると、気が付いたらガラパゴス島の希少動物のように世界から取り残されていた、ということになりかねない。

外国人の考え方のたとえとして印象に残っているのが、ウサギの穴の話だ。ウサギの巣穴には出入り口が3個から5個もあって、もしもどこかの入り口から天敵に襲われたら、他の出口から逃げ出せるのだという。欧米人には昔から、そうしたリスク管理の思想が根付いているというのだ。欧米だけでなく、お隣の中国人も世界に散ってリスクを分散し、常に調子のいいところが他を助けることで、民族を繁栄させてきた歴史がある。

ところが、日本人は昔からリスクの分散を嫌う。全財産を夢に賭けて成功した人がもてはやされるし、人生もこうと決めたら脇目も振らずとことんひとつの道を極めるのが尊いと考える。だから親子何代にもわたってひとつの会社に勤め上げるのが美談になっていたりする。もしもその会社が潰れたらどうするのだろう。一族がそろって路頭に迷ってしまうではないか。

私も典型的な日本人だが、会社経営においては欧米人や中国人のようでありたいと思う。**半世紀の歩みのなかで危機に瀕するたびに新しい方向性や事業を志し、複数の企業グループとして育てたのもリスクを分散するためだ**。この先も事業が繁栄して従業員の総数が増えたとしても、全員をひとつにまとめた大企業を目指すことはないだろう。

理想的には**一社につき50人ぐらいの会社がグループ内に10社あるような形だろうか**。その程度の規模なら、各社のトップは社員全員に目が届き、それぞれと家族のように温かく接することができる。一方、どれかの会社が何らかの理由で不振に陥ったときも、グループ内で人員を融通しあうことでむやみに従業員を解雇せずに済むだろう。**事業分野や営業エリアを棲み分けたキョクトーグループは、社員同士だけでなく、グループ会社同士もまた、家族のような関係で助け合うのだ**。

そんな安心感があってこそ、失敗を恐れずに新しい事業に挑む風土もつくれるだろう。日本ではまだまだ、一度失敗した人や企業が再起することが難しい傾向があるが、当社の特販部がそうであったように、失敗した人＝実力のない人、ではない。何度でも挑戦して何度でも立ち直れる、そんな社会ならもっともっと活力が生まれるだろうし、キョクトーグループはそうした企業風土でありたいと思う。

当社だけではない。日本の政府や役所も前例主義や規制をもっと緩めて、会社も個人もどんどんチャレンジでき、失敗から何度でも立ち直れるようにしてほしいと思っているのだ。

「これでいいや」という慢心を厳に戒めたい

キョクトーの創業以来の歩みは、日本の成長やモータリゼーションの進展といった追い風にも助けられてきたが、その間に日本人の気質や仕事への意欲もずいぶん変わった。半世紀前には「明日は必ずもっと豊かになってやろう」というギラギラとした渇望や情熱があったが、当時とは比べ物にならないほど豊かになった今日の日本人からは、それが感じられない。それどころか、このまま適当にやっていれば先々まで安心、といった慢心が社会全体に漂っていると感じるのだ。

まっさきに近代化に成功した英国を含む欧州がそうであったように、経済や技術が成熟した先進国の国民は、そうなるものなのかもしれない。しかし、いまの日本人を見ていると、それでは現状維持さえ難しいのではないかと危惧してしまう。近年、大企業がまさかと思うような不祥事を起こすのも、そうした慢心に起因しているのかもしれない。それと比べると、中国人にはかつての日本人のようながむしゃらさを感じるし、実際に彼らは熱心によく働く。とくに女性の働き者ぶりは、日本の男たちにも見習わせたいほどだ。

キョクトーグループの社員には「これでいいや」という慢心を厳に戒めたい。当社はまだまだ上を見て伸びていかねばならないし、のんびり真面目に勤めていさえすれば定年まで安泰といった大企業病に侵された社員を養っていけるほどの余裕はない。私は半世紀をかけて、まだまだこれから、というチャレンジングな空気をつくろうと努力してきたのだ。グループのすべてを一族が支配するのではなく、**生え抜きの社員を社長に抜擢するのも、創業者一族だからといって慢心することなく、**

また力のある者はそれを発揮しながら、それぞれが牽制しあい、実績を競い合うような緊張感を期待してのこと。いまのところ、それはうまく機能して、グループを活性化しているのではないだろうか。

変化への対応ということでは、今回のコロナ禍による**働き方の変化もチャンスととらえている**。当社ではいち早く拠点間の人の移動を止めるなどの感染防止策を取った。以前からテレビ会議システムを完備してきたおかげでテレワークでも業務が滞ることもなく、取引先からも訪問を控えてほしいという要望が来て、テレビ会議での営業に切り替わった例も増えている。そうなると、足で稼いでいた時代にはあり得なかった、午前中は北海道、午後は九州の営業といったこともできてしまうのだ。

もちろん、そのためには得意先との信頼関係がしっかりと築けていることが前提だが、少なくとも私の若いころのように、何度も足を運んで食事や宴会、ゴルフを共にして濃密な人間関係を築くといったベタベタしたスタイルに戻ることはないだろう。そうした付き合いも楽しみながら働いてきた私にはいささか味気ない気もするが、**プライベートの時間も大切にする現代の若い社員たちは、新しい時代のスマートな営業スタイルをきっと生み出してくれるはずだ**。そうなれば、出張や接待といった効率の悪い営業は過去のものになるだろう。営業マンも数で勝負ではなく、テレワークでも相手との信頼関係をしっかりと築き、成果が出せる実力のある者だけが生き残る時代になる。

そのためには、ツールは何であれ相手と腹を割ってコミュニケーションし、分かり合おうとする好奇心や関心を持ち続ける必要があることは、どんな時代にも変わりないだろう。

コロナ禍で飲食業や旅行業は気の毒な状態だが、幸いにして当社の業績には大きな影響は出ていない。コロナ禍前には注目されていたシェアリングカーやレンタカーが感染への不安から敬遠され、マイカーによるレジャーへの回帰も言われる状況では、カーメンテナンスへの関心はむしろ増えそうだ。**社員一同には世界的なこのピンチをもチャンスに変えて、仕事に挑んでほしいと思う。当社はずっと、そうして生き抜いてきたのだ。**

次の半世紀は次の世代の時代

純正オイルの代理店に始まり、ナショナルブランドオイルの代理店やプライベートブランド商品を企画する商社、さらにオリジナル商材を開発するメーカーへとビジネスを拡げてきたキョクトーの半世紀の歩みは、おおむね目論み通りだった。激流にもまれたこともあるし、難しい決断を迫られた局面もあったが、決して無理な背伸びをすることなく、しかし着実に変化に対応して前進し続けることができた。その姿勢はこれからも変わらない。

たとえば、メンテナンス機材の企画開発販売のビジネスがすっかり軌道に乗ったオベロンは、２０２０年はあえて伸びを抑える踊り場の年と位置づけ、高い業績目標を掲げなかった。これまでの経験からいっても、**調子に乗って欲張りすぎると思わぬ危機に襲われるもの**。順調に伸びてきたからこそ、ここらで一度過去を振り返り、態勢を整えてさらなる飛躍の下地をつくるべしと言っている。**いわば腹八分目の経営である**。

大規模小売店の集客力を活かして、店頭で受け付けた車検を取引のある工場に仲介するビジネスも、コロナ禍で足踏み状態になっているが、ここを乗り越えれば新たな成長が始まると考えている。ディーラーや整備工場がお客様の、B to Bのビジネスを基本にしてきたキョクトーは、これからも大々的にB to Cビジネスに進出する考えはないが、車検の取り次ぎは末端のユーザーに接するひとつのチャンスである。末端ユーザーとのB to Cビジネスは利幅が大きく、安定性も増す。もとより個人顧客を得意先としてきた高橋硝子のノウハウも活かして、未来への可能性を探っていくつもりだ。

創業から半世紀。大口顧客に依存しない、特定商品に依存しない…などリスク分散した戦略を実践して生き残り、成長してきた当社は、いつの時代にあってもピンチをチャンスと考える。そう、ピンチの後には必ずチャンスが訪れるということは、歴史が証明しているのだ。

そのうえで、50年後のキョクトーがどうなっているのかと問われれば、それは後に続く者に任せたというのが正直な気持ちだ。50年後の会社にまで私が口を出すつもりはまったくない。現在、各社の経営を任せている社長たちには**「お前の代で潰**

すなよ」とだけ言っている。会社は存続することが何より。最悪なのは倒産で、社員やその家族はもちろんのこと、取引先や銀行などなど、多くの人に迷惑をかける。それだけはしないようにせいや、ということだ。

「キョクトーイズム」的なご大層な思想も意識したことはない。そもそも50年前に旭東商会を創業した当時の私も、今日を想像することはできなかったし、何とか潰さないようにと懸命に舵取りをしてやってきただけだ。そんな私がこれからの会社を担う人々にあれこれ言うなどおこがましいし、言われたほうも迷惑だろう。世の中が明日どのように変化するかすら分かりはしないし、その変化の速度も加速度的に増しているいま、未来の自動車業界も当社もどうなるか、分かりはしない。とにかくリスクヘッジをしっかりやって、潰さんようにな、というだけだ。

混沌とした現代では、明日は誰にも分からない。**たしかなことは、堅実に、しかし着実に前を向き、周囲の変化にもあわてず騒がず、対処しながらチャレンジングに歩き続ければ、これからの半世紀もきっと成長し続けることができるということだ**。そのための基礎だけは、50年をかけてしっかりと築いたつもりだ。

人としての道や態度を叩き込まれました。

日本オイルサービス株式会社、株式会社キョクトー 社長 若園 恒 氏

触れ込みは「あなたも社長になれる」

１９９４（平成６）年に大学を卒業したとき、私が目指していたのはじつは損保や銀行などの金融系の営業職でした。しかしバブル景気は崩壊していて、なかなかうまく行かない。そんなとき、大学の近くにあったキョクトーの求人に出会ったんです。

何よりも魅力的だったのは自動車通勤がＯＫだったこと。高校時代から電車通学していたけれど満員電車が大嫌いで、趣味のサーフィンに通うために乗っていたハイラックスサーフで毎日通勤できるというのが入社の決め手だったんですよ。

会社説明での触れ込みは「あなたも社長になれる」でしたが、なりたいともなれるとも思ってなかった。だって７人いた同期は皆真面目で優秀そうなのに、私はと言えば茶髪のサーファーですからね。

人を動かすツボを学ぶ

入社してみると、営業志望なのに研修で配属された業務部にそのまま留め置かれて毎日が苦痛でした。

そのうえ、当時の業務部の上司はやはり営業出身の方で、私にひと通りの仕事を教え込むと自分はさっさと営業部に戻ってしまい、まだ新米の私がパートの女性たちを動かして、業務を進めねばならなくなってしまったんです。じつは私は学生時代には肉体労働などのアルバイトをしていて、当時のキョクトーの給料よりも稼ぎが良かった。なのに社会人になって、なんでこんな目に遭うかと思っていましたね。

そこで、何とか自分が苦痛から脱するために画策

するわけです。まず、採用してもすぐ辞めてしまうパートの女性をつなぎとめるために、相性などを考える。そうやって、人を動かすツボを学びました。

ＦＡＸの山をなんとかしたい

次はＦＡＸの山の追放です。すでにコンピュータシステムは導入されていましたが、いまのようなオンライン化はされておらず、毎朝出社すると得意先から夜のうちに送られてきたＦＡＸの山との格闘。ＦＡＸからデータ入力のための受注書に商品コードを転記するのは、まだ人力だったんです。

私がいたのは大阪でしたが、東京の業務部に配属された同期の北田光義君とも相談して、データで受注して人力で転記する必要のないシステムができないかと考えました。

高価なシステムの導入を上に認めてもらうために、「この投資が、これぐらいの人件費の低減につながる」などと、生まれて初めての稟議書も書きました。それが認められて、ようやく毎日のＦＡＸとの格闘から解放されたんです。

自分が楽になることをモチベーションにして、新しい仕事に挑んでいたんですね。

念願の「営業」的な仕事に携わる

そうやって業務を合理化したら時間ができたので、見よう見まねで営業的なことを始めたんです。大口の取引先には営業部がマメに足を運んでいますが、受注書を見ていてたまにしか注文がないような取引先に電話をかけて「どうですか」なんてやるわけです。

そうこうするうちに、当時の藤田隆志営業部長から「得意先クレームの処理に行ってくれ」と頼まれた。要は怒られ役ですが、私が業務部の名刺を持って頭を下げに行くと、向こうも「大変だな」と同情してくれたりして、そのうち「見積もり出してくれよ」なんて依頼もされる。隆志部長に「どうしましょう」と相談したら「やっといてよ」と言われて、やはり見よう見まねで見積もりも作るようになりました。

かと思えば藤田賢一営業統括部長からは「仲の悪い営業マンの仲立ちをしてくれ」という依頼も舞い込んだ。いまのようなシステマチックなジョブローテーションなどなかったですが、結果としていろんな仕事を経験することができたんです。

現在も営業そして社長業を模索中

初めて営業責任者の集まる会議に出席したときは、会長が営業成績について厳しく説教する様子を見て「なんじゃコリャ」という感じでしたね。**営業はKKD＝勘と経験と度胸、なんて言われていて**、私の考える営業とは全然違うやり方だったんです。

私は営業マンがモノを売ることは手段であって、目的はコミュニケーションだと思うんですが、当時の営業は逆だったんですね。そこで自分なりのやり方を模索するうちに、東京に異動になり、上場企業を含む大手の取引先との営業経験も積ませてもらった後で、38歳でキョクトーの社長就任を打診されたんです。

その年齢でいきなりちゃんとした社長業なんてできるはずがないし、「どうせ名ばかりだろう」と思って引き受けましたが、取引先の皆さんから多くのことを学ばせていただきながら、ここまでやってきました。

会長から「営業とはなんぞや」といった教えをきちんと受けたことはありません。以前、その理由を聞いたら「それはお前が自分で考えることや」とのこと。代わりに人としての道や態度は嫌というほど仕込まれました。

私を社長に就けた意図も、最近は分かってきました。**社員教育なども含めて、社員が能力を発揮できる場をつくることがトップの仕事。だから私はそれを全力で用意します**。社員の皆さんには、言われたことだけでなく、**自分でなければならない理由を求めて**、プラスアルファのある仕事を楽しんでほしいんです。

キョクトーグループ 50年表
これまでの歩み(詳細版)

※KG：キョクトーグループ　JOS：日本オイルサービス

キョクトー	1969 (S44)	9月	大阪府八尾市において創設。個人営業にてオルルの販売を開始
キョクトー	1973 (S48)	4月	法人に改組。株式会社旭東商会設立(資本金300万円) 代表取締役社長　藤田公一就任 主に西日本地域での純正・輸入オイル・ケミカル添加剤を販売
キョクトー		9月	オートバックスセブンと取引開始
キョクトー	1977 (S52)	1月	社屋を新築、本社を大阪府八尾市佐堂町から大阪府八尾市曙町に移転
キョクトー		3月	英国BPオイル西日本総代理店として取扱開始
キョクトー	1978 (S53)	1月	第1・第2倉庫新設(約900㎡)
キョクトー	1979 (S54)	5月	カストロール西日本総代理店として取扱開始
キョクトー	1980 (S55)	4月	第一次コンピュータシステムの導入
キョクトー		6月	資本金1000万円に増資

キョクトー	1981 (S56)	7月	資本金3000万円に増資
キョクトー		10月	本社拡張。第3倉庫建設（約1660㎡）
JOS	1985 (S60)	01月	東京都小金井市において日本オイルサービス株式会社設立。資本金1000万 東日本地域に拠点を構え、全国デリバリーを確立するために設立
キョクトー		4月	本社拡張。トラックターミナル完成（約2320㎡）
キョクトー		4月	第二次コンピュータシステムの導入（FACOM 250R）
キョクトー		9月	イタリア・アジップオイル代理店として取扱開始
キョクトー	1986 (S61)	3月	コンピュータシステムによるオンライン自動発注、VANシステムの導入
ケイワ		4月	徳島県徳島市において恵和商会を創業
キョクトー		11月	北海道札幌市東区において旭東商会 札幌営業所を開設
キョクトー	1987 (S62)	2月	旭東商会が本社拡張（約2720㎡）
JOS		4月	本社・物量倉庫を東京都小金井市東町から東京都昭島市福島町に移転
キョクトー		8月	旭東商会が阪神出張所開設
キョクトー	1988 (S63)	1月	旭東商会の第4倉庫完成
KG		3月	兵庫県播磨自然公園内に保養所開設（30名収容）

キョクトー		07月	千歳臨空工業団地内に札幌営業所を移転（1980㎡）
KG	1991 (H3)	04月	山梨県河口湖に保養所開設（15名収容）
KG	1992 (H4)	10月	CI（Corporate Identitiy）企業組織構築の実施。商号を株式会社旭東商会から株式会社キョクトーに変更
オベロン		10月	昭和オイル株式会社を設立
ケイワ		10月	社名を株式会社恵和商会より株式会社ケイワに変更
JOS		12月	事務所及び倉庫拡張（約1980㎡）
KG	1993 (H5)	4月	第三次コンピュータシステム導入（PRIMERGY6000）
KG		5月	三重県志摩市保養所開設（10名収容）
ケイワ	1995 (H7)	1月	福岡営業所（福岡市博多区麦野）を新設
JOS		5月	宮城県多賀城市において仙台支店開設
JOS		7月	新倉庫増設拡張（約1320㎡）
キョクトー		8月	倉庫自動出荷システム導入
キョクトー		10月	本社営業管理本部を大阪府八尾市曙町から大阪府八尾市光町に移転

キョクトー/本部	1996 (H8)	05月	グループ会社の統括管理を目的とし、株式会社キョクトー本部の立ち上げ
JOS		11月	株式会社キョクトーの物流センター(北海道支店)を名称変更し、日本オイルサービス株式会社北海道支店開設
ケイワ	1997 (H9)	01月	ケイワをキョクトーの支社的運営に切り替える
JOS		12月	資本金2000万円、増資
オベロン	1999 (H11)	2月	昭和バッテリー株式会社を株式会社オベロンに社名変更(資本金1000万円) ACDelco製品取扱代理店・カーメンテナンス関連用品の販売
KG	2001 (H13)	7月	第四次コンピュータシステム導入
JOS	2005 (H17)	8月	仙台支店を仙台営業所へ変更し、宮城県多賀城市から宮城県仙台市宮城野区へ移転
ゴトコ・ジャパン	2006 (H18)	7月	ゴトコ・ジャパン株式会社の株式を取得
キョクトー		8月	九州営業所を福岡県福岡市博多区諸岡から福岡県福岡市博多区榎田に移転
ペトロプラン	2007 (H19)	8月	マレーシアの公営企業のペトロナス社とエンジンオイルの日本代理店として株式会社ペトロプランを設立
ペトロプラン		11月	本店を東京都新宿区西新宿に移転
キョクトー	2008 (H20)	07月	広島県広島市安佐南区において広島営業所を開設

JOS	2009 (H21)	12月	ISO14001を取得
ゴトコ・ジャパン	2010 (H22)	01月	本店を東京都千代田区九段南へ移転
ペトロプラン	2011	12月	本店を東京都新宿区西新宿のMITSUWAビル9Fに移転
キョクトー	2013 (H25)	4月	愛知県名古屋市天白区において名古屋営業所を開設
オベロン		4月	東京営業所を東京都新宿区西新宿に開設
	2015 (H27)	9月	高橋硝子株式会社の株式を取得
オベロン	2017 (H29)	5月	オペレーションセンターを閉鎖し、大阪府八尾市光町に事務所機能を移す
オベロン	2018 (H30)	9月	東京都八王子市に八王子本社を開設
オベロン		9月	山梨工場を開設
JOS	2019 (R1)	9月	北海道支店を千歳市から札幌市へ移転。「SAPPRORO OFFICE」開設
キョクトー		9月	名古屋支店営業所を名古屋市中区へ移転。「NAGOYA OFFICE」開設

著者紹介

藤田公一（ふじた・こういち）

株式会社キョクトー　代表取締役会長

1943年大阪府生まれ。八尾中学校卒業後、1958年4月に奈良ダイハツ株式会社に入社。22歳にして、全国の販社でも最低の営業成績だった同社のお荷物部門、部品部の責任者に就任すると、積極的に外に打って出る独自の営業で部品部の収益を新車販売部門に次ぐ2位までに押し上げ、部品部としての販売成績も全国1位を記録する。1969年9月に同社を退職し、大阪府八尾市の自宅で旭東商会を創業。ダイハツ時代の人脈や実績、アイデアを活かして、大阪・奈良地域の整備工場などにオイルを販売する。1973年4月、法人に改組、株式会社旭東商会（のちにキョクトーに改称）を設立し代表取締役社長に就任。のちに代表取締役会長となり現在にいたる。

大手カー用品量販店からの絶大な信用を得て、多数の海外有名ブランドオイルの日本市場への普及に貢献。さらにプライベートブランドオイルやメンテナンス用品などの開発・販売を手掛け、ホームセンターや自動車メーカーのディーラーにも販路を広げる。経済状況や社会情勢の変化を乗り越えてグループ7社売上115億円、300名を擁する家族的かつ強靭なグループに育て上げる。

本人曰く「平時は慎重で穏やかな家康タイプ。敵と対峙すると、思い切った手で攻め込む信長タイプに変身する二重人格かな」。

絶対《ぜったい》に潰《つぶ》さない経営《けいえい》　〈検印省略〉

2021年　2　月　28　日　第　1　刷発行

著　者——藤田　公一（ふじた・こういち）

発行者——佐藤　和夫

発行所——株式会社あさ出版

〒171-0022　東京都豊島区南池袋 2-9-9 第一池袋ホワイトビル 6F

電　話　03 (3983) 3225（販売）

　　　　03 (3983) 3227（編集）

F A X　03 (3983) 3226

U R L　http://www.asa21.com/

E-mail　info@asa21.com

振　替　00160-1-720619

印刷・製本　美研プリンティング（株）

facebook　http://www.facebook.com/asapublishing

twitter　http://twitter.com/asapublishing

ISBN978-4-86667-262-5 C2034